과학자가
되는 시간

자연 관찰과 진로 발견

템플 그랜딘 지음

이민희 옮김

창비

자연에서 영감을 받는

모든 어린이와 청소년에게

차례

들어가며 • 6

들어가며

　어린 시절 저의 세계는 집 안과 집 밖, 둘로 나뉘었습니다. 1950년대였고, 저와 동생들은 밖에서 노는 걸 더 좋아했어요. 놀이터든 집 뒤뜰이든 가까운 숲이든, 우리는 집 밖에 있는 것 자체를 좋아했죠. 자연에서 찾은 것은 뭐든 재밌는 놀잇감이 되었습니다. 데이지를 엮어 화환을 만들고, 꽃으로 압화 장식품을 만들고, 나뭇조각들을 주워 집을 지었어요. 연날리기와 자전거 경주도 했습니다. 저는 자전거에 올라탄 채 말이나 자동차나 로켓을 탔다고 상상하며 하루를 보내곤 했어요. 해가 늦게 지던 여름날의 기억은 아직도 생생합니다. 어머니는 방충망 너머에서 우리에게 이제 그만 들어오라고 소리치곤 하셨죠. 목소리에 점점 짜증이 묻어났지만 깡통 차기, 포스퀘어(4개의 정사각형으로 이루어진 공간 안에서 서로 공을 튕기고, 1번 튕긴 공을 상대 진영으로 넘기지 못하면 지는 게임 — 옮긴이), 사방치기, (제가 유독 젬병이던) 쌍줄 넘기에 푹 빠진 우리에게는 잘 들리지 않았어요. 집에 들어가기 싫은 이유는 또 있었습니다. 저는 목욕을 끔찍이 싫어했거든요. 온종일 밖에서 놀면서 묻은 흙먼지와 얼룩을 보고 어머니는 기겁하곤 하셨죠. 하지만 그것들은 저에게 영광의 흔적이었어요.

집 밖은 제가 처음으로 과학적인 발견을 경험한 곳입니다. 저도 모르게 말이에요. 저는 돌을 깨고, 조개를 줍고, 꽃눈을 갈라서 살펴보는 일이 과학자들이 지구의 수수께끼를 풀기 위해 하는 일이라고는 꿈에도 생각하지 못했어요. 저에게는 그저 놀이였으니까요. 돌이켜 보니 호기심이 관찰로 이어졌고, 관찰이야말로 모든 과학의 핵심이었습니다. 만약 여러분이 나무껍질과 잎맥의 무늬를 살펴보는 걸 좋아한다면, 구름의 모양이나 무당벌레의 점에 마음을 뺏긴다면, 돌을 쪼개서 그 안을 들여다보는 걸 즐긴다면 여러분은 이미 야외의 과학자입니다.

어른들이 지겹게 묻는 말이 있죠. 뭐가 되고 싶니? 저는 커서 뭐가 되고 싶은지 몰랐습니다. 어릴 때 좋아했던 일들이 평생의 직업으로 이어질 줄도 몰랐고요. 저는 동물학자이자 대학교수, 그리고 공학자입니다. 즉 동물을 연구하면서 대학생들을 가르치고, 소와 같은 가축들을 위한 장비를 설계하죠. 저는 이 책을 통해 제 어린 시절 관심사가 어떻게 오늘날 제가 하는 일로 연결되었는지 이야기하려고 합니다. 또, 저처럼 어릴 때의 호기심을 평생의 열정으로 발전시킨 다른 과학자들도 소개할 거예요. 어린 시절 영국의 한 절벽에서 고대 바다 생물인 익티오사우루스의 온전한 골격을 처음으로 발견한 메리 애닝은 당대 고생물학계의 선구적인 인물이 됩니다. 비행사가 되고 싶었던 어린 자크 쿠스토는 교통사고로 꿈을 접어야 했지만 나중에 위대한 수중 탐험가가 되어 물속을 헤엄치는 일이 하늘을 나는 것과 비슷하다고 말하죠. 여러분은 아마 나무를 잘랐을 때 단면에 보이는 고리의 개수가 그 나무의 나이라는 얘기를 들어봤을 거예요. 나이테는 앤드루 엘리콧 더글러스 덕분에 잘 알려졌죠. 어린 시절 별자리와 날씨 관찰하기를 좋아하던 앤드루는 훗날 연륜연대학이라는 새로운 학문 분야를 엽니다. 앵무새 한 마리를 선물 받은 꼬마 아이린 페퍼버그는 새들이 인간의 말을 그저 흉내 내는지 아니면 정말로 이해하는지 연구하는 일에 평생을 바치죠. 수학 천재였던 캐서린 존슨은 동료 흑인 여성들과 함께 미국 항공 우주국 나사(NASA)에서 인종 차별을 딛고, 인류 최초의 달 착륙선 아폴로 11호의 비행 궤도를 계산해 냈습니다. 그 덕분에 우주선이 달에 갔다가 무사히 지구로 돌아올 수 있었죠.

어느 여름날, 저는 가족과 함께 이모네 목장을 방문했습니다. 이때부터 저의 자연을 향한 사랑과 동물학을 향한 관심이 하나로 합쳐진 것 같아요. 저와 동생들은 말을 타고 흙길을 쏘다니며 온종일 밖에서 놀았어요. 푹푹 찌는 무더운 날씨였어요. 이모는 우리가 집을 나설 때면 문을 열고 오븐 안으로 들어간다는 농담을 했죠. 풀도 누렇게 떠서 맥을 못 췄는데, 이모는 큰비가 내리고 나면 모두 푸릇푸릇 살아날 거라고 알려 줬어요. 쌘비구름이 비를 예고하며 모여드는 모습은 정말이지 장관이었습니다. 저에게는 하늘에서 펼쳐지는 대하드라마였고, 몇 시간이라도 질리지 않고 볼 수 있는 장면이었어요. 나중에 지구과학 수업에서 더운 공기와 찬 공기가 만나 쌘비구름(적란운)이 만들어진다는 것을 배웠어요. 더운 공기가 찬 공기 위로 올라가며 형성되는 쌘비구름은 지표면에서 15킬로미터 높이에 이를 수 있습니다. 수증기가 물로 바뀌면서 방출된 열기가 폭우, 번개, 강풍을 발생시키죠. 저는 이런 내용을 배우는 게 즐거웠어요.

제가 이 책을 통해 이야기하고 싶은 것은 대상을 가까이에서 바라보는 일, 즉 관찰의 중요성입니다. 관찰은 과학자에게 꼭 필요한 능력이죠. 셜록 홈스 같은 탐정이 되어 남들이 놓친 것을 찾아내는 일과도 비슷합니다. 관찰의 가장 좋은 점은 특별하거나 값비싼 장비가 없어도 된다는 거예요. 충전기를 챙길 필요도 없어요. 그저 두 눈과 관찰력만 있으면 충분하죠. 눈밭 위에 한 쌍 또는 두 쌍의 동물 발자국이 찍혀 있나요? 수풀에서 여러 종의 새들이 대화를 나누고 있나요? 단단한 콘크리트 포장도로를 뚫고 나온 풀이 있나요? 누가 여러분의 머리 위로 콘크리트를 부었다고 상상해 보세요! 대체 식물은 어떻게 콘크리트를 빠져나오는 걸까요? 비결은 바로 물입니다. 삼투 작용으로 물이 식물 세포에 스며들면, 이때 생기는 압력이 아스팔트나 콘크리트를 뚫을 정도의 힘으로 풀을 위로 밀어내는 것이지요. 왜 이끼가 진한 녹색인지 생각해 본 적 있나요? (힌트: 엽록소) 에메랄드가 어떻게 그런 빛깔을 띠는지 궁금해한 적 있나요? (힌트: 크룸과 바나듐이라는 원소) 왜 어떤 나무는 5월에 꽃이 피고, 어떤 나무는 8월에 꽃이 피는지 궁금해서 여러 나뭇잎을 모아서 분류해 본 적이 있나요? 도토리를 쪼개 본 적은요? 저는 몇 년 전 여름, 해안 도로에 조개껍데기 파편들이 흩어져 있는 걸 보았습니다. 대체 왜 조개껍데기가 도로에 있는지 궁금했지요. 그러던 어느 날, 갈매기가 도로에 조개를 떨어뜨리는 모습을 목격했어요. 잠시 후 자동차가 마치 호두까는 기구처럼 조개를 박살 내고 지나가자 갈매기가 껍데기 안의 살을 쏙 빼먹었습니다. 수수께끼가 풀린 거죠! 이렇게 주변을 관찰하다 보면 해답을 구하는 문제가 많습니다. 병원 주차장에서 만난 붉은여우는 어떻게 그곳에 이르렀을까요? 길을 잃은 걸까요? 겁을 먹었을까요? 근처에 새끼가 있는 걸까요? 제가 다가가면 공격을 할까요? 언제나 답을 찾을 수 있는 건 아니지만, 야외의 과학자는 이런 질문들을 던지며 세상을 탐구합니다.

오늘날에는 누구나 시민 과학이라는 글로벌 프로젝트에 참여할 수 있습니다. 세계 곳곳의 자원봉사자들이 시간과 노력과 열정을 들여 주변의 데이터를 모으는 이 과정을 '크라우드 소싱'이라고도 합니다. 전 세계 수백만 명을 연결하여 특정 주제에 대한 정보를 공유하는 것이지요. 이러한 노력 덕분에 우리는 지구와 모든 생명체를 더 잘 이해할 수 있게 되었습니다. 시민 과학은 과학자들이 환경 오염과 기후 변화, 멸종 위기종과 빠르게 늘어나는 생태계 교란종 관련 자료를 수집하는 데 보탬이 됩니다.

시민 과학 웹사이트(citizenscience.gov)에서 다양한 활동에 참여하며 야외의 과학자가 되어 보세요.(국내에서는 naturing.net 을 통해 시민 과학 활동에 참여할 수 있다 — 옮긴이)

이 책을 읽으면서 여러분의 호기심을 자극하는 연구 주제를 발견하기를, 자연 세계를 향한 과학적인 여정을 시작하기를 바랍니다.

어릴 때부터 저는 해변에서 하는 보물찾기를 좋아했습니다.
새의 깃털은 틀림없는 보물이었죠.

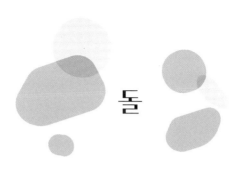

돌

어린 시절, 저와 동생은 매사추세츠주 데덤에 있는 집 뒷마당에서 돌을 깨는 일에 푹 빠졌습니다. 우리는 덤불 아래나 집 근처 들판, 개울 옆에서 돌멩이들을 찾아내곤 했어요. 어떤 돌은 겉과 속이 똑같았지만, 어떤 돌은 속에 밝은색 결정들을 감추고 있었지요. 돌 속에 숨은 색깔을 한번 보고 나니 돌이란 돌은 전부 깨 봐야 했습니다. 아마 그해 여름 내내 돌을 깼을 거예요. 조각용 끌이 없어서 주로 망치를 이용했습니다. 가끔은 돌끼리 맞부딪치거나 도로변에 내리치기도 했고요. (혹시 여러분도 돌을 깨고 싶다면, 안전을 위해 꼭 보안경을 쓰기를 바랍니다.)

아름답고 신비한 돌의 세계

　나중에 학교에서, 그때 우리가 찾아다닌 돌의 이름이 정동석이라는 것을 배웠습니다. 정동석은 기본적으로 빈 속에 석영 결정들이 들어찬 모든 돌을 말해요. 투명한 석영 결정을 수정이라고 하지요. 저희 이모는 언제나 아름다운 수정 목걸이를 하고 있었는데, 어느 크리스마스에 저에게 수정 하나를 선물로 주셨어요. 저는 햇빛이 수정에 부딪혀 무지갯빛을 내는 모습을 한없이 바라보았습니다. 언젠가 뉴욕에 있는 미국 자연사 박물관에서 화려한 색과 모양을 한 결정

저는 돌을 쪼개서 안쪽에 숨은 색을 찾아내는 걸 좋아했어요.

들을 보고 무척 놀랐어요. 폭발하는 폭죽처럼 생긴 것도 있고 해저 생물처럼 생긴 것도 있었죠. 살면서 그렇게 다양하고 찬란한 빛깔은 처음 봤답니다.

결정이 생기는 원리 가운데 하나는 마그마 또는 뜨거운 액체 상태의 암석이 식어 굳는 것입니다. 액체의 온도나 굳는 데 걸린 시간 등에 따라 다양한 색과 형태이 결정체가 돼요. 눈 결정이라고도 하는 눈송이가 만들어지는 과정도 이와 같아요. 규칙적인 구조를 지닌 분자가 모여 형성되죠. 결정이 만들어지는 모습이 궁금하다면, 간단한 실험으로 확인할 수 있어요. 소금물을 실온에 하룻밤 정도 두면 물이 증발하면서 결정화되는 모습을 관찰할 수 있답니다.

저와 동생은 아주 드물게 흥미로운 돌을 찾아냈습니다. 줄무늬를 지닌 돌을 발견하면 '행운의 돌' 또는 '소원의 돌'이라고 부르며 차고에 있는 선반에 자랑스럽게 올려 두었어요. 그 선반은 새 둥지, 바다유리, 유목 등 우리가 찾은 보물과 어머니가 집에 들이지 못하게 한 물건들을 모아둔 곳이었죠. 대체 돌에 어떻게 줄무늬가 생기는 걸까요? 저는 그게 늘 궁금했어요. 유니버시티 칼리지 런던의 제러미 영 박사에 따르면 돌에 있는 맥이나 균열에 석영이나 방해석 성

분이 든 흰색 액체가 들어찰 수 있는데, 이 액체는 녹아 사라지거나 침전되어 고체로 변한다고 해요. 액체가 침전되면 흰 줄무늬로 나타나는 것이죠.

제 수집품인 반질반질한
소원의 돌입니다.

우리는 집에 있는 백과사전을 이용해 미국 북동부 지역에서 찾을 수 있는 모든 돌의 이름을 알아냈습니다. 여러분도 지역의 돌에 관한 정보를 인터넷이나 근처 도서관에서 찾을 수 있을 거예요. 여러분이 사는 지역의 돌을 알아보고 싶다면 무엇보다 먼저 필요한 것은…… 돌이겠지요. 집에 마당이 있다면 거기서 몇 개 파내 보세요. 아파트에 산다면 근처 공원이나 학교 운동장에서 찾아보세요.

돌은 크게 3가지로 나뉩니다.

① 화성암은 지표면 아래에서 융해(액체화)된 바위인 마그마가 굳어서 형성되는 돌입니다. 가장 대표적인 화성암은 화강암이며 제가 자란 미국 북동부 대서양 연안 지역인 뉴

잉글랜드에서 흔합니다. 화강암은 거의 균질하고 지층이 없습니다. 다시 말해 퇴적물이 오랜 세월 쌓이면서 만들어 내는 줄무늬 같은 것이 없지요. 화강암은 보통 표면이 단단하고 반드러우며 검정, 하양, 회색의 운모 부스러기(거울 파편처럼 빛나는 물질)로 이루어져 있어요. 화강암은 고층 건물부터 조각상, 부엌 조리대까지 다양하게 쓰입니다. 화강암 중에서도 구상화강암이라고 불리는 아주 멋진 돌이 있는데, 제가 무척 찾고 싶어 했던 돌이지요.

② 퇴적암은 주로 갈색과 회색을 띠고 만지면 꺼칠꺼칠하며 지층이 보이는 돌입니다. 미국 서부에 있는 거대한 계

제가 과학실에서 본 구상화강암입니다.

곡인 그랜드 캐니언의 절벽은 퇴적암층을 이루고 있어요. 수백만 년에 걸쳐서 주변의 바람과 물이 모래와 돌을 침식시킨 결과물입니다. 운이 좋으면 퇴적암에서 동물의 발자국이나 나뭇잎이 찍힌 화석을 발견할 수도 있답니다. 가장 흔한 퇴적암은 석회암, 사암, 암염(돌소금)이고, 시멘트와 같은 건축 자재에 사용됩니다. 석탄 같은 퇴적암은 에너지를 생산하기 위해 채굴됩니다.

③ 변성암은 퇴적암이나 화성암, 또는 기존 변성암이 엄청난 열과 압력으로 인해 변형된 돌입니다. 편암, 점판암을 비롯해 다양한 변성암이 있지만 가장 유명한 변성암은 대리석입니다. 대리석은 표면이 매끄럽고 곡선 무늬가 보입니다. 이탈리아 로마의 판테온, 인도 아그라의 타지마할 등 세계적으로 유명한 건축물과 미국 수도의 워싱턴 기념탑, 링컨 기념관, 대법원 등 여러 건축물에 대리석이 쓰였답니다.

퀴즈를 하나 내 볼게요. 영어로 구슬과 대리석은 똑같이 마블(marble)이라고 합니다. 그렇다면 구슬은 대리석으로 만들까요? 구슬의 역사는 오래되었습니다. 고대 이집트에도 구슬이 있었다고 하지요. 구슬은 여러 유적지를 비롯해 고대 로마 도시 폼페이, 북아메리카 선주민(특히 체로키족)의

평원 등 다양한 곳에서 발견되었습니다. 잡지『멘탈 플로스』의 칼럼니스트 롭 래믈에 따르면, 최초의 구슬은 급류나 파도에 깎인 조약돌이었어요. 또 점토나 뼈, 도토리나 호두로 만들어지기도 했죠. 그러다가 아름다운 곡선 무늬가 특징인 대리석으로 구슬을 만들게 되면서 마블이라고 불리게 되었을 것입니다.

이유는 잘 모르겠지만, 인류는 오래전부터 구슬치기와 같이 동그란 물체를 튕겨 상대방을 쓰러뜨리는 놀이를 즐겼어요. 같은 원리로 더 큰 공을 이용한 놀이가 볼링과 당구죠.

1902년, 미국 오하이오주의 마틴 프레더릭 크리스텐센이라는 남자가 처음으로 유리구슬을 대량으로 제조하는 기계를 발명했습니다. '공 또는 구면체를 만드는 기계'라고 이름 붙였고, 그 제조 방식이 오늘날까지 이어지고 있습니다. 먼저 유리를 뜨거운 가마 안에서 녹인 뒤 슬러그라는 작은 조각으로 자릅니다. 슬러그는 주철 롤 위로 떨어져 회전하면서 공 모양이 됩니다. 구슬은 색이 다양하고 무늬가 아름답죠? 구슬이 액체 상태일 때 색유리를 넣고 비틀거나 굴리면 내부의 색이 소용돌이치며 이런 무늬가 나옵니다. 구슬은 생김새에 따라 호박벌 구슬, 나선형 구슬, 소용돌이 구슬, 고양이눈 구슬, 구름 구슬 등 재밌는 이름으로 불립니다. 그래서 퀴즈 답이 뭐냐고요? 아뇨, 오늘날 구슬은 대리석으로 만들지 않아요. 유리로 만들지요.

단단함을 확인하는 방법

지질학자들은 돌과 광물이 얼마나 단단한지 측정하기 위해 모스 굳기계를 사용합니다. 1812년에 프리드리히 모스가 고안한 광물 굳기 척도죠. 어려서부터 지질학(광물, 암석, 땅을 연구하는 분야)에 관심이 많았던 모스는 일생을 광물 연구에 바쳤어요. 그의 가장 유명한 업적은 암석과 광물을 굳기에 따라 분류하는 10점 척도를 개발한 것입니다. 이 방법은 오늘날까지 지질학에 이용되고 있습니다. 지구에서 가장 무른 광물은 활석이며 가장 단단한 광물은 다이아몬드입니다. 모스 굳기계는 긁기 경도 시험을 통해 다음과 같이 광물의 등급을 매깁니다.

- **손톱**에 긁히면 모스 굳기 1~2.5입니다.
- **동전**에 긁히면 모스 굳기 3~3.5입니다.
- **칼**에 긁히면 모스 굳기 4~5.5입니다.
- **쇠못**에 긁히면 모스 굳기 6~6.5입니다.

- **드릴**에 긁히면 모스 굳기 7~8.5입니다.
- 만약 드릴로도 안 긁히면 모스 굳기 8.5~10입니다.

여러분이 발견한 돌이 무슨 돌인지 식별하려면 먼저 다음 사항들을 살펴봐야 합니다.

- **색깔** 어떤 색인가요? 구체적일수록 좋아요. 예를 들어 회색이라면 짙은 회색인가요, 옅은 회색인가요?
- **무늬** 줄무늬나 점무늬, 또는 다른 무늬가 있나요?
- **광택** 윤이 나요, 탁한가요? 둘 다 해당하는 돌도 있습니다. 어떤 부분은 윤이 나고 어떤 부분은 탁한 식으로요.
- **광물 성질** 어떤 모양인가요? 지층과 질감은요? 울퉁불퉁하거나 푹 꺼지거나 툭 튀어나온 부분이 있나요?
- **쪼개짐과 균열** 돌을 깨면 깔끔하게 깨지나요, 부스러기가 떨어지나요? 안쪽은 어떻게 생겼나요?

자세히 살펴봤다면 이제 식별할 차례입니다. 정확하게 식별하기 위해 여러분이 관찰한 내용을 도서관에서 빌린 광물 도감이나 인터넷에서 찾은 내용과 비교해 보세요. 너무 헷갈린다고 실망하지 마세요. 비슷하게 생긴 돌이 많아서 제대로 식별하려면 훈련이 필요하거든요. 이 과정의 묘미는 여러분의 조사 능력을 갈고닦는 것이랍니다. 돌을 많이 관찰할수록 안목이 생길 거예요.

우주에서 날아온 돌

유진 슈메이커(Eugene Shoemaker)는 어릴 때부터 돌을 수집했습니다. 구슬 한 꾸러미를 선물받은 것을 계기로 집 근처에서 흥미로운 암석과 광물을 찾기 시작했죠. 그는 5학년 때 버펄로 과학 박물관에서 처음으로 식물학, 광물학, 지질학에 대해 배운 뒤로 도서관에서 그와 관련된 책을 모두 찾아 읽었어요. 여름 방학 때는 와이오밍주에 있는 할머니 댁 근처 노스플래트강에서 온종일 커피 통에 돌 표본을 모았습니다.

슈메이커는 대학을 졸업하고 미국의 지리 측량 사업에 참여하게 됩니다. 여름마다 돌을 모으며 어린 시절을 보낸 청년에게 안성맞춤인 일이었죠. 그는 전국을 돌며 다양한 지형을 조사하고 천연자원을 찾아다녔어요. 1960년대, 애리조나주 호피 뷰트 화산 지대를 연구하게 된 슈메이커는 그곳에서 분화구와 닮은 거대한 크레이터를 발견합니다. 그전까지는 지구와 달의 모든 크레이터가 화산 활동으로 생겼다고 여겨졌는데, 실은 일부 크레이터가 우주에서 날아온 운석과의 충돌로 생긴 것임을 유진 슈메이커가 처음으로 증명했죠. '충돌 이론'으로 알려진 이 이론은 나중에 공룡 멸종의 원인이 소행성 충돌이라는 가설을 뒷받침하게 됩니다. 슈메이커는 이런 말을 했습니다. "긴 시간 동안 아무도 나를 믿지 않았지만 결국 내가 믿게 했다."

유진 슈메이커의 오랜 꿈은 달에 가는 것이었습니다. 하지만 안타깝게도 그는 지병 때문에 우주에 간 최초의 지질학자로 발탁되지는 못했습니다. 그 대신 슈메이커는 세계 최초로 달에 착륙한 유인 우주선 아폴로 11호 프로젝트에 참여해 달 탐사 임무에 나설 우주인들을 훈련했습니다. 슈메이커가 세상을 떠난 뒤, 그의 제자가 달에 충돌하는 임무를 맡은 탐사선에 그의

지형을 조사하는 유진 슈메이커.

유골을 실었습니다. 지금까지 달에 유골이 뿌려진 사람은 유진 슈메이커가 유일합니다. 달에 가고 싶어 했던 그의 꿈이 죽어서나마 이뤄진 셈이죠.

반죽처럼 흐르는 돌

처음 하와이에 갔을 때가 기억납니다. 저는 한 섬에 있는 공항에 도착하면서 주변의 화산 지대가 꼭 달 표면처럼 보인다고 생각했어요. 용암층 위에 지어진 화려한 호텔과 골프장만 빼면 말이죠. 저는 초등학교 때 과학 수업에서 지구의 내부 구조를 처음 배우고 한동안 화산에 푹 빠졌어요. 화산이 품은 엄청난 힘도 놀라운 데다가 자세히 보면 지구의 속살을 들여다보는 것 같았거든요. 세월이 흘러 제가 가르치는 한 학생과 함께 하와이에 방문해서 마침내 분출하는 활화산을 관찰하게 되었습니다. 주변 지역과 도로가 굳은 용암으로 덮여 있어서 차로 꽤 가까이 다가갈 수 있었어요. 저는 차에서 내려서 굳은 용암 지대에 한 발짝 올라섰어요. 꼭 검은 팬케이크 반죽이 땅과 길 위로 쏟아진 것처럼 보였죠. 지표를 뚫고 나오는 마그마를 용암이라고 하는데요, 용암은 온도가 매우 높아서 붉고 하얗게 빛나다가 차차 식으면서 검회색으로 바뀝니다. 제가 서 있던 곳도 식어서 굳은 용암으로 덮인 지대였어요.

화산의 종류는 활화산(현재 또는 최근에 폭발한 화산), 휴화산(오랫동안 폭발하지 않았지만 폭발할 가능성이 있는 화산), 사화산(수천 년간 폭발하지 않았고 더는 폭발할 가능성이 없는 화산)으로 나뉩니다. 화산 폭발은 놀라운 자연 현상입니다. 마그마가 주변 암석보다 가벼워서 지구 표면으로 솟아오르는 현상이거든요. 마그마가 서서히 올라오며 그 속에 녹아 있던 가스가 기포를 형성하여 마그마를 위로 밀어 올립니다. 압력이 커지면 마그마가 지표를 뚫고 뿜어져 나오죠. 바로 화산이 폭발할 때 우리가 보는 현상입니다.

마그마는 2가지 원리로 생성되는데, 두 지각판(지구 표면을 이루는 거대한 암석 판)이 충돌하여 한 판이 다른 판을 맨틀(지각 아래층)로 밀어 넣을 때, 또는 판들이 서로 갈라질 때 마그마가 생성되어 지표면으로 솟아오를 수 있습니다.

화산 하면 빼놓을 수 없는 사람이 있습니다. 1942년, 16세의 **조지 패트릭 레너드 워커**(George Patrick Leonard Walker)는 공책에 이렇게 썼습니다. "나는 오늘 산 첫 지질학책을 읽고 이 분야에 흥미가 생겼다. 윌리엄 화이트헤드 와츠의 『기초 지질학』으로, 고작 4.6달러였다. 이 분야의 기초를 좀 알고 싶었던 것뿐인데 나도 모르게 자세히 파고들게 되었다." 워커가 자란 북아일랜드 지역에는 활화산이 없었음에도 훗날 그는 일류 지질학자이자 화산학자가 되어 세상의 모든 활화산을 연구하고 기존 화산 연구의 흐름을 바꾸게 됩니다.

1979년 뉴질랜드에서 발굴 작업 중인 조지 워커.

　워커는 책을 참고해 집 근처 채석장의 화산 폭발 잔여물을 식별하는 등 밖에서 많은 시간을 보내며 지질학적 신비를 탐구했습니다. 대학에 들어갈 무렵에는 이미 폭넓은 현장 답사 기록을 갖고 있었어요. 굳은 마그마를 발견한 장소를 표시한 지도도 만들었지요. 워커는 화산 형성과 용암 흐름에 관한 연구로 유명합니다. 용암이 흐르다가 식으면서 지형을 이룬 곳들을 연구한 것이지요. 또 굳은 용암의 질감,

굳기, 색깔 등 특징을 통해 화산 폭발의 세기가 얼마나 강했는지 측정하는 시스템을 만들었습니다. 이 시스템은 오늘날까지도 이용되고 있으며, 슈메이커의 '충돌 이론'과 마찬가지로 공룡의 멸종 시기를 밝히는 데 한몫했습니다.

지구의 역사를 간직한 돌

저는 대학에서 처음으로 고생물학이라는 분야를 배웠습니다. 고생물학은 고대의 인간 외 생물을 연구하는 학문입니다. 고대는 40억 년 전~1만 1000년 전 사이의 시기를 의미해요. 고생물학자들은 과거의 기후와 환경을 알아내기 위해 화석(동물과 식물의 보존 유적)을 연구하는 지질학자라고 할 수 있어요. 동물 화석은 적어도 1만 1000년 전에 죽은 동물의 잔해입니다. 동물의 뼈가 진흙, 용암, 모래 따위에 묻혀 보존될 때 화석이 만들어집니다. 일반적으로 뼈나 딱딱한 외피가 있는 동물이 화석을 남깁니다. 천천히 분해되는 뼈에 주변 퇴적물 속 광물질이 스며들어 화석이 되는 것이죠.

고생물학자들은 화석을 보고 수천, 수백만, 수십억 년 전의 세계가 어땠는지 알아냅니다. 백상아리보다도 훨씬 큰, 현재는 멸종된 상어인 메갈로돈의 뼈가 미국 유타주에서 발견된 적이 있습니다. 유타주는 바다에서 수백 킬로미터나 떨어진 내륙인데 어떻게 그곳에서 메갈로돈이 발견됐을까요? 일부 과학자들은 그 지역이 오래전에 바다였을 것으로 추측합니다. 이처럼 고생물학자들은 화석을 통해 지구의 생물뿐 아니라 지구에 대해서도 알아 갑니다.

1940년대 중반, 미국 뉴욕 퀸스에 살았던 **스티븐 제이 굴드**(Stephen J. Gould)의 어머니는 아들이 커서 과학자가 될지도 모른다고 생각했습니다. 또래 꼬마들이 해변에서 파도를 타고 놀 때 스티븐은 조개를 주워 평범한 조개, 멋진 조개, 특이한 조개로 분류하곤 했으니까요. 스티븐은 5살 때 아버지와 함께 미국 자연사 박물관에 갔다가 실제 뼈로 만든 티라노사우루스 모형을 보고 인생의 진로를 결정하게 됩니다. "그런 게 존재할 거라고는 상상도 못 했습니다. 압도적이었어요."라고 훗날 그는 말했지요. 스티븐은 티라노사우루스 모형 앞에서 공룡과 고대 화석 연구에 일생을 바치기로 다짐했습니다.

스티븐은 공룡을 너무 좋아해서 학교 친구들로부터 '화석 얼굴'이라는 놀림을 받기도 했어요. 하지만 꿋꿋이 열정을 이어 갔죠. 스티븐 굴드의 가장 유명한 업적은 동료 고생물학자 나일스 엘드리지와 함께 '단속 평형이론'을 발표한 것입니다. 이 이론은 찰스 다윈의 '적자생존' 진화론을 일부 반박합니다. 다윈의 진화론은 생물이 수백만 년에 걸쳐 서서히 변화하며, 환경에 가장 잘 적응한 종이 살아남는다는 이론이죠. 하지만 굴드와 엘드리지는 어떤 종들은 긴 시간 안정적으로 존재하다가 급격히 변한다고 주장했어요. 과학자들은 어느 쪽이 옳은지 여전히 논쟁하고 있지만, 저는 이론 자체가 진화하는 과정이 흥미롭다고 생각합니다. 기존 이론에 도전해 진실과 새로운 사실을 발견하는 일은 모든 과학자들의 몫이니까요. 과학적 진리에 이르는 길은 관찰, 가정, 실험입니다.

지워진 고생물학자

한번 상상해 보세요. 여러분은 1800년대 초 영국에 살고 있어요. 남서부의 도싯주 지역인데 집 근처에는 라임 레지스 해안 절벽이 있지요. 이제 12살쯤 됐고, 이판암과 석회암으로 이뤄진 거대한 퇴적암 절벽을 거닐다가 상당히 큰 뼈들을 마주합니다. 이 상황이 바로 메리와 조지프 남매에게 일어난 일이에요. 두 사람은 가족 살림에 보탬이 되려고 바닷조개를 캐던 중이었어요. 먼저 두개골을 발견한 건 오빠 조지프지만, 나머지 뼈들을 찾겠다고 결심한 것은 메리였습니다. **메리 애닝**(Mary Anning)은 고대 바다 생물인 어룡, 익티오사우루스의 전체 골격을 찾아냅니다.

그뿐만이 아닙니다. 메리는 계속해서 최초의 플레시오사우루스 화석과 여러 선사 시대 동물 화석을 찾아냈습니다. 과학자들은 집 근처 절벽을 탐험하던 메리와 조지프 남매 덕분에 지구 역사를 더 잘 이해하게 되었죠. 그러나 많은 역사책에 메리 애닝은 지워져 있습니다. 19세기에 여성들의 업적은 흔히 무시되었거든요. 하지만 애닝의 발견 덕분에 고생물학의 발판이 마련됐고 멸종에 관한 인식도 변했습니다. 스티븐 굴드는 애닝을 두고 '고생물학 역사에서 제대로 주목받지 못한 공로자'라고 평가했어요. 아직도 라임 레지스 절벽에는 엄청난 양의 화석과 뼈가 묻혀 있답니다. 지금도 계속해서 많은 사람이 끌과 망치를 챙겨 보물을 찾아 나서고 있죠. 흥미로운 사실을 하나 덧붙이자면, 발음하기 어려운 영어 문장을 빠르게 말하는 놀이에서 자주 쓰이는 문장인 '바다 소녀가 바닷가에서 바닷조개를 파네(She sells seashells by the seashore)'는 애닝의 일화에서 비롯되었다고 합니다.

▲
조개 갈퀴와 바구니를 들고 있는 메리 애닝.

◀
획기적인 발견인 플레시오사우루스 화석에
대해 기록한 메리 애닝의 수첩.

2019년 미국 콜로라도주에서 한 고생물학 팀이 돼지와 늑대 등 작은 포유류의 화석을 수천 점 발견했습니다. 10살 때부터 화석을 찾아다녔던 타일러 리슨 박사가 엄청난 깨달음을 얻은 덕분이었죠. 그는 평소처럼 땅에서 튀어나온 뼛조각을 찾아 헤매다가 문득 '결석'이라는 돌에서 종종 화석이 발견된다는 사실을 떠올렸습니다. 그래서 결석을 찾아다녔지요. 마침내 작은 포유류의 턱뼈를 품은 듯한 투박한 흰색 돌을 발견했고, 그 돌을 쪼개 보니 악어의 부분 화석이 나왔습니다. 그는 팀과 함께 현장을 다시 찾아서 1000개가 넘는 척추동물 화석, 16가지의 서로 다른 포유류 화석을 찾아냈죠. 더 흥미로운 점은 이 발견 덕분에 공룡이 멸종한 후 포유류뿐 아니라 식물들이 어떻게 진화했는지도 알 수 있게 되었다는 것입니다. 발굴에 참여한 어느 고등학생은 처음으로 콩의 화석을 찾아냈답니다!

돌과 함께 노는 법

저와 동생들에게는 멋진 화석을 발견할 기회는 없었습니다. 그 대신에 돌을 주워서 그때그때 생각나는 놀이를 했습니다. 제가 가장 좋아했던 놀이는 호숫가에서 하는 물수제비뜨기였어요. 우선 납작하고 얇은 돌을 찾아야 합니다. 그리고 돌을 엄지와 검지 사이에 가로로 쥔 다음 수면을 향해 아주 세게 날립니다. 제대로 날리면 돌이 물속으로 가라앉지 않고 통통 튕기며 나아갑니다. 이때 중요한 2가지 요소는 회전과 납작한 정도입니다. 회전하며 날아가는 돌은 안정적으로 중심이 잡히죠. 돌이 납작할수록 상대적으로 정지된 상태인 수면을 때릴 때 잘 튀어 오릅니다. 그 튕김이 돌의 속도를 늦추면서 동시에 다시 튀어 오를 추진력을 줍니다. 물수제비 세계 최고 기록은 2013년 기준으로 무려 88번이라고 해요. 제 기록은 4번쯤이었던 것 같네요.

우리는 돌로 모닥불 주변을 빙 두르고, 요새를 짓고, 모자이크 작품을 만들었습니다. 인간은 4천 년 넘게 돌과 유리, 타일을 이용해 예술 작품을 만들었습니다. 초기 모자이크 작품은 작은 사각형의 흑백 돌 조각들을 오밀조밀하게 붙여서 만들었다고 해요. 진흙과 모래를 섞어 만든 접합제를 발라 고정했지요. 오늘날 시멘트로 벽돌과 타일 틈새를 메우는 것처럼요. 모자이크 작품은 갈수록 정교해져서 신화나 종교 장면을 묘사하고, 웅장한 대성당들의 돔 지붕과 아치 모양 입구를 기하학적인 디자인으로 장식하게 되었습니다.

우리는 돌탑 쌓기도 즐겼습니다. 돌탑의 역사는 아주 오래됐습니다. 유적, 표지물, 등산로 길잡이, 장식 등 쓰임새도 다양하지요. 수많은 사람이 숲이나 바닷가에 다른 사람을 위한 돌탑을 남겼습니다. 여러분도 집 근처에서 돌을 주워 자기만의 돌탑을 쌓아 보세요. 가장 어려운 점은 그 어떤 접착제 없이 균형을 맞추며 쌓는 일입니다. 큰 돌로 시작해 점차 작은 돌로 쌓아 올

만약 제가 어릴 때 이 돌탑을 봤다면 시멘트나 접착제 없이 버티는 모습에 놀랐을 거예요.

려야 하죠. 창의력을 발휘해 피라미드나 기둥 형태로 최대한 높이 쌓아 보세요.

돌에는 역사가 있습니다. 만약 돌이 말을 할 수 있다면 자기가 현재 몇 살인지, 어떻게 들판이나 고층 건물에 이르게 됐는지, 어떤 성분으로 이루어졌는지 알려 줬을 거예요. 저는 어릴 때부터 자연의 모든 것이 궁금했습니다. 특히 탐정이 된 것처럼 자연을 살피는 일을 좋아했지요. 저와 동생들

은 숲속을 탐험하다가 방치된 돌담을 많이 마주쳤어요. 대체 왜 그 자리에 돌담이 있는지, 누가 쌓은 것인지 궁금했어요. 정체를 밝혀 보니 이런 것이었습니다. 마지막 빙하기에 빙하(눈이 쌓여 형성된 얼음덩이)가 이동하며 미국 동부 해안에 수많은 돌을 남겼는데, 농부들이 그 땅에 농사를 지으려고 돌들을 골라내어 한쪽에 쌓은 것이었어요. 그런데 재미있는 이야기가 더 있었습니다. 농부들에게 이상한 일이 일어났거든요. 분명 가을에 골라낸 돌들이 봄이면 다시 나타나는 것이었죠. 작가 수전 올포트에 따르면 뉴잉글랜드 주민들은 악마가 돌을 가져다 놓았다고 생각했습니다. 또 돌들이 땅속에서 작물처럼 자란다고 생각해서 '뉴잉글랜드 감자'라는 별명을 붙이기도 했어요. 이 현상은 나중에 땅의 '동상 융기'로 밝혀졌습니다. 알고 보니 땅이 얼었다가 녹으면서 묻혀 있던 돌들을 위로 밀어 올리는 것이었죠.

돌보고 지켜야 할 거대한 돌덩어리

여러분 주변의 건물이나 부엌 조리대에 쓰인 돌이 어떤 돌인지 한번 알아보면 어떨까요? 가까운 곳에서 채석된 돌인지, 아니면 다른 지역이나 나라에서 수입된 돌인지 살펴보는 거예요. 제가 속해 있는 콜로라도주립대학교의 건물들은 콜로라도주 리용에 있는 채석장에서 캐낸 사암이라는 돌로 지어졌답니다. 만약 여러분이 사는 곳 가까이에 채석장이 있다면, 땅에서 돌을 캐내는 과정을 관찰하러 가 보세요. 또 보도를 유심히 살펴보세요. 운모, 석회암, 이판암, 점토, 석판 등 다양한 돌이 쓰였을 거예요. 시멘트에 돌을 섞으면 훨씬 단단해지거든요. 한번 주의 깊게 보기 시작하면 돌은 어디에나 있답니다.

1975년에 카피라이터인 게리 달 덕분에 돌멩이가 잠깐 주목받았습니다. 달은 반려동물 돌보기가 얼마나 수고로운지 불평하는 친구들의 말을 듣다가 기발한 아이디어를 떠올립니다. 보살필 필요가 전혀 없는 반려 대상을 '발명'한 것이죠. 바로 반려 돌입니다. 달은 짚을 깔고 숨구멍을 낸 상자 안에 흔한 돌멩이를 넣고 팔았습니다. '반려 돌 돌봄 및 훈련'이라는 안내서도 포함했죠. 마케팅 전략에 불과했지만 대성공을 거뒀습니다. 달은 4달러짜리 반려 돌을 팔아 순식간에 백만장자가 되었죠.

미래를 지키고 보호하려면 과거를 이해해야 합니다. 오늘날 스티븐 굴드와 같은 고생물학자들은 콜로라도주 등지에서 화석을 찾아다니며 우리 문명의 공백을 메우기 위해 애쓰고 있습니다. 그런가 하면 고식물학자들은 식물이 어떻게 진화했는지 연구합니다. 그들은 공룡을 멸종시킨 소행성 충돌 이후 어떻게 양치식물이 처음 등장했고 번성했는지 밝혀내기도 했죠. 지질학자들은 암석과 광물을 연구합니다. 구리와 석탄처럼 우리가 이용하는 자원들을 채굴하는 법을 알아내고 석유와 천연가스 등 전 세계 전력 공급원을 찾아 헤맵니다. 그들은 각종 오염으로 위협받는 지구 환경을 보호하는 데 중요한 역할을 하기도 해요. 공기, 흙, 물, 기타 물질들을 조사하여 그 지역이 얼마나 깨끗하고 건강한지 판단하거든요. 지구를 제대로 이해하지 않고서 인류의 과거와 현재, 미래를 이해하는 것은 불가능합니다.

기억하세요. 지구는 그 자체로 거대한 돌덩어리입니다. 그 돌을 보호하는 것은 우리 모두의 임무입니다.

해변

가족들과 매사추세츠주 웨스트 촙에 있는 할머니 댁을 방문했을 때의 일입니다. 허리케인 캐럴이 그 지역을 강타했습니다. 1954년이었고, 저는 7살이었어요. 겁을 먹기엔 너무 어린 나이였죠. 할아버지가 폭풍을 막으려고 못으로 유리문을 고정하는 걸 보면서 오히려 신이 났던 것 같아요. 할머니 댁은 바다에서 꽤 멀리 떨어져 있어서 큰 파도에 휩쓸릴까 봐 걱정할 필요가 없었지만, 이웃의 다른 가족들은 그 지역에서 대피해야 했어요. 그만큼 폭풍이 강력했거든요. 어머니는 해변의 작은 집 두 채를 걱정했어요. 우리로서는 거기 사는 사람들이 잘 대피했는지 알 길이 없었죠.

폭풍이 지나간 해변

허리케인이 강타한 다음 날, 동생과 함께 조사에 나섰습니다. 저는 노란색 우비를 입고 집 밖으로 나갔어요. 2미터가 넘는 파도가 마당까지 밀려와 거대한 해초 조각들을 쌓아 놓고 간 상태였어요. 햇살에 반짝이는 초록빛 밭처럼 보였죠. 길 위에는 끊어진 전선들이 뱀처럼 널려 있어서 그 위로 조심조심 발을 디딘 기억도 납니다. 물이 밀려 나간 썰물 때였고, 폭풍이 지나간 해변에는 조개와 투구게가 넘쳐 났어요. 해변의 집 두 채는, 정말이지 이상했어요. 한 채는 완전히 멀쩡한데 다른 한 채는 통창이 깨진 채 물이 천장까지 차올라 있었거든요. 어린 저는 폭풍이 어떻게 바다 한가운데 모이는지, 얼마나 무시무시한 파괴력을 지녔는지 잘 몰랐습니다.

허리케인 위성 사진.

허리케인을 태풍이나 사이클론이라고도 하는데요, 과학자들은 '열대성 사이클론'이라고 부릅니다. 따뜻한 바다 위에서 형성되기 때문이죠. 습한 공기가 상승하면 그 아래에 압력이 쌓입니다. 따뜻한 공기가 주위에 모여 압력이 변화하면서 회전하기 시작해요. 여러분은 아마 태풍의 '눈'에 대해 들어본 적이 있을 거예요. 태풍의 눈은 허리케인 구름 위의 높은 기압이 아래로 내려오면서 발생합니다. 그 중심부는 맑고 고요하죠. 커다란 솜사탕의 중앙 부분이 비어 있는 걸 떠올려 보세요. 허리케인은 육지에 가까워질수록 바다의 따뜻한 공기라는 추진력을 잃게 됩니다. 그래도 바람의 속도는 시속 200킬로미터에 이르고, 파도의 높이는 3미터가 넘기도 해요. 허리케인 캐럴은 거의 20년 만에 뉴잉글랜드를 강타한 최악의 폭풍으로 기록되었고, 막대한 피해를 끼쳤습니다.

해변에서 만난 보물들

웨스트 촙은 10킬로미터에 걸쳐 반도 형태로 뻗어 있습니다. 주변이 온통 바다라서 조개껍데기를 줍기에 이상적이죠. 뉴잉글랜드에서 찾을 수 있는 조개껍데기는 대부분 고둥,

홍합, 대합, 굴 같은 연체동물이 남긴 것입니다. 연체동물을 둘러싼 두툼한 피부 같은 조직은 점점 단단해져 몸을 보호하는 벽으로 자랍니다. '외투막'이라고 불리는 이 벽은 흔히 베이킹파우더와 분필에서 발견되는 물질인 탄산칼슘을 생성하는데, 이 성분이 약간의 단백질과 만나 딱딱한 껍데기가 됩니다. 연체동물이 죽어도 껍데기는 계속 남아 있죠.

제가 가장 좋아했던 조개껍데기는 개굴인데, 가랑잎조개 또는 인어의 발톱이라고도 불립니다. 몇 개를 손에 쥐고 흔들면 짤랑거리는 소리가 나고, 생김새는 진줏빛 발톱을 떠올리게 해요. 보통 너비가 3~5센티미터인데 아기의 치아처럼 작은 것도 있습니다. 제가 수집한 것들은 대부분 주황색이지만 흰색, 노란색, 분홍색도 있습니다. 무척 얇지만 단단하고, 영롱한 광택이 납니다. 무지갯빛 비눗방울 표면이나 청록색 공작 깃털처럼 보는 각도에 따라 빛깔이 바뀌죠. 개굴은 풍경, 장신구, 모자이크 작품을 만들기에 좋습니다.

해변에서 제가 가장 좋아한 놀이는 동생과 함께하는 모래성 쌓기였습니다. 모래는 암석이 수백만 년에 걸쳐 부서지고 파도에 깎인 것입니다. 멀리서 보면 단색이지만 자세히 보면 부서진 조개껍데기와 산호도 찾을 수 있어요. 뉴잉글랜드의 모래사장은 대부분 화강암으로 이루어져 있어서 황갈색을 띱니다. 석영, 운모, 장석 등 기타 광물과 조개껍데기도 섞여 있습니다.

저는 모래 흘리기의 달인이었습니다. 손으로 모래를 찔끔찔끔 떨어뜨리며 모래성을 장식하곤 했죠. 한번 시작하면 멈출 줄 몰랐어요. 저처럼 자폐 성향이 있는 사람들은 반복적인 동작을 굉장히 좋아합니다. 마음이 차분해지거든요. 게다가 동생과 함께 위대한 건축물을 짓는 일은 정말 멋졌습니다. 저는 어른이 되어 가축을 위한 장비를 설계했는데요, 알고 보니 이미 훨씬 전에 모래밭에 막대기로 성의 설계도를 그리곤 했던 거였어요. 동생과 저는 먼저 벽을 쌓을 자리를 주춧돌로 지정했습니다. 그러고는 양동이에 바닷물을 섞은 모래를 채웠지요. 우리는 몇 번의 시행착오를 통해 물과 모래를 적절한 비율로 섞는 것이 모래성 쌓기의 핵심이라는 걸 깨달았어요. 『나사 사이언스』 잡지에 실린 '모래성의 물리학'이라는 기사에 따르면 물은 모래 알갱이들 사이에서 다리 역할을 해서 서로 달라붙게 합니다.

젖은 모래를 양동이에 가득 채운 다음에는, 동생이 양동이를 거꾸로 뒤집었습니다. 동생의 목표는 구멍이나 균열 없이 최대한 완벽한 형태를 뽑아내는 것이었어요. 동생이

자세히 보면 성곽 주위로 제 모래 흘리기 장식들이 보입니다.

건물을 세우면 저는 그 위로 모래를 조금씩 흘리며 장식했죠. 모래 흘리기에 가장 알맞은 농도는 물과 모래가 반반씩 섞여 걸쭉한 상태입니다. 제 목표는 동굴에서 자라는 석순과 비슷한 형태로 모래를 흘리는 것이었어요. 우리는 성탑과 물길도 만들었습니다. 파도가 밀려왔다 갈 때마다 물길에 물이 들어찼다가 빠져나갔죠. 저는 시간 가는 줄 모르고 성을 장식했습니다. 처음에는 파도가 우리의 성을 쓸어 가는 게 정말 속상했습니다. 하지만 나이가 들면서는 모두 바다로 돌아간다는 점이 좋아지더군요.

바닷속을 나는 사람

자크 쿠스토(Jacques Cousteau)는 유명한 해저 탐험가이자 영화 제작자입니다. 고래와 상어가 먹이 쟁탈전을 벌이는 모습, 고생물처럼 보이는 물고기들, 무리 지어 형태를 그리며 이동하는 화려한 물고기 떼, 뇌 또는 숲처럼 보이는 색색의 산호초 군락을 가까이서 촬영했어요. 그는 자신이 만든 영화가 다큐멘터리가 아니라 모험이라고 말했습니다. 그의 배, 칼립소호에는 '직접 가서 봐야 한다.'라는 표어가 걸려 있었죠.

자크의 원래 꿈은 비행기 조종사였어요. 하지만 훈련생일 때 교통사고를 당해 양팔이 부러지는 바람에 꿈을 접어야 했습니다. 그 후 수영을 통해 부상에서 회복했고, 바다에서의 경험이 삶의 방향을 바꾸어 놓았죠. 그는 어떤 글에서 "물을 만지는 것이 좋았다. 물이 나를 매료시켰다."라고 썼습니다.

자크가 지닌 또 다른 열정은 촬영이었습니다. 13살에 처음으로 카메라를 샀는데 사진을 한 장 찍어 보기도 전에 카메라를 분해하고 다시 조립했다고 해요. 그는 첫 영화 「침묵의 세계」를 통해 자신의 2가지 열정을 하나로 모아 바다의 신비를 담아냈습니다.

하지만 꿈을 이루는 데 필요한 게 또 있었습니다. 그 당시에 바닷속을 탐험하려면 잠수종이라는 기구에 들어가야 했습니다. 잠수종은 아주 무겁고 잠수원의 시야와 움직임을 제한했지요. 자크는 물속에서 더 오래 숨 쉬고 더 자유롭게 움직일 수 있도록 가벼운 장비를 만들었습니다. '애퀄렁'이라는 그 발명품은 공기탱크와 입에 연결하는 호스로 이루어져 있습니다. 핵심 기술은 수압에 따라 공기 공급량을 조

기중기가 자크 쿠스토의 해양 조사용 잠수정, 잠수 원반을 들어 올리는 모습.

절해 주는 레귤레이터입니다. 나중에 수중 호흡기를 뜻하는 '스쿠버'로 불리게 되지요. 노년의 자크는 물속에 있으면 자유롭게 날 수 있다고 말했습니다. 결국 그는 비행의 꿈을 이룬 것 아닐까요?

저는 자크처럼 바닷속 깊은 곳까지 들어가지는 못했지만 해변을 따라 걸으면서 발견한 것들에 끝없이 매료됐습니다. 한번은 모래사장에 떠밀려 온 프로판가스통을 발견했어요. 동생과 저는 위험할까 봐 건드리지 않았지만 무척 흥분했지요. 그것이 대체 어디서 왔는지 상상도 안 갔거든요. 제가 발견한 것 중 가장 흥미로운 물건은 회전 날개가 달린 갈매기 장식품이었습니다. 상태가 멀쩡해서 집에 가져가 보물창고에 보관했답니다.

해변에서 흔히 발견하는 것들은 해초, 바다유리, 조개껍데기, 투구게, 유목, 불가사리였습니다. 집에 돌아가면 그것들로 뭔가를 만들어 내곤 했어요. 그런데 해초는 금방 말라붙기 때문에 바닷물에 담근 채로 가져가야 해서 까다로웠습니다. 어머니는 차 뒷좌석에 물이 찰랑이는 양동이를 싣는 걸 달갑게 여기지 않으셨지요. 그래서 저는 커피 통을 생각해 냈습니다. 뚜껑이 있는 커피 통에 담아 옮기기로 한 것이

저는 이런 해초를 종이에 붙이곤
했습니다. 잎이 얇을수록 좋습니다.

에요. 해초는 조류의 일종이며 최대 30미터까지 자랄 수 있어요. 물고기와 인간 모두에게 매우 중요한 존재랍니다. 구석구석 작은 생물들을 가두기 때문에 물고기들에게는 거의 뷔페나 다름없지요. 또한 식물이 이산화탄소를 산소로 바꾸는 과정인 광합성을 통해 우리가 호흡하는 공기의 70퍼센트를 생산함으로써 생태계에서 중요한 역할을 하죠. 어렸을 때 저는 해초도 꽃처럼 납작하게 눌러서 말리곤 했습니다. 제가 가장 좋아했던 해초는 망자의 손이라고 불리는 청각, 인어 공주의 머리카락이라고 불리는 홍조, 그리고 파래였습니다.

먼바다에서 다시 땅으로

저는 해변을 돌아다니며 바다유리 찾는 걸 좋아했어요.

바다유리는 순수한 보물이었습니다. 이름에서도 알 수 있듯이 유리에서 생겨나지요. 바다에 버려지는 거의 모든 유리는 분해되어 바다유리가 됩니다. 해변에서 발견되는 바다유리는 대부분 유리병의 파편이라서 흰색이나 녹색 또는 갈색입니다. 보기 드물지만 주황색, 노란색, 분홍색, 청록색도 있고요. 꽃병, 램프, 향수병 등 모든 유리 물체가 바다유리가될 수 있습니다. 매사추세츠주 어느 해변에 있는 바다유리조각은 어쩌면 18세기 배 안에 있던 술잔이었을지 몰라요.

모든 바다유리는 파도에 깎여 모서리가 점점 둥글고 매끄러워집니다. 몇백 년에 걸쳐 만들어지기도 하죠. 표면에 불투명한 막을 지닌 조각들도 있습니다. 바다유리는 수백 년이 지나도 색이 변하지 않아요. 만약 여러분이 초록색 병을바다에 던지면 언젠가 그것이 초록색 바다유리로 해변에 떠밀려 올 거예요.

안타깝게도 많은 쓰레기가 바다에 버려져 해양 생태계를위협하고 있습니다. 특히 플라스틱은 심각한 문제입니다.바닷새와 물고기, 해양 동물들이 플라스틱을 먹이로 착각하고 먹으면 소화관이 막혀 죽음에 이를 수 있습니다.

플라스틱이 분해되면서 나오는 미세한 조각인 미세 플라

스틱도 문제입니다. 어떤 플라스틱 쓰레기들은 해류가 방향을 바꾸어 휘도는 환류에 따라 무리 지어 뗏목처럼 떠다닙니다. 이런 '쓰레기 섬'을 만드는 주범은 어부들이 놓친 플라스틱 어망입니다. 플라스틱은 잘 썩지 않기 때문에 오래도록 남아 환경을 오염시켜요. 우리 모두가 바다에 플라스틱을 버리는 일을 멈추어야 합니다.

해변에서 유목을 마주치면 왠지 비현실적인 느낌이 듭니다. 해변이 아니라 사막에 있어야 할 것 같달까요? 저는 어

어떤 유목은 예술품처럼 보이기도 합니다.

렸을 때 유목이 침몰한 해적선의 잔해일지 모른다는 이야기를 읽었습니다. 그 후로 유목 찾기에 열중했지요. 유목은 폭풍 같은 자연 현상이나 벌목 같은 인간의 활동이 원인이 되어 물에 이르게 된 나뭇조각을 말합니다. 나무도 유리와 마찬가지로 파도와 모래에 의해 매끄럽게 마모됩니다. 저와 동생들은 사슴뿔 같은 가지가 달린 유목을 발견하곤 했어요. 나무 구석구석 숨어 있는 작은 벌레들도 관찰했죠. 해안에 떠밀려 온 나무는 비록 죽은 것이어도 여전히 생태 순환의 일부랍니다.

깊은 바닷속을 탐험하기

로버트 밸러드(Robert Ballard)는 어린 시절 『해저 2만 리』를 읽고 마음을 빼앗겼습니다. 이 책은 해저 생물과 싸우는 해양생물학자의 이야기를 그린 쥘 베른의 SF소설이에요. 밸러드는 해군 장교 겸 해양학자가 되겠다는 꿈을 품었고, 단한 번도 다른 길을 생각하지 않았어요. 캘리포니아주 해안 지역에서 자란 덕분에 스노클링과 수영을 하면서 마주친 바다 생물들에 매료된 것도 그의 꿈에 영향을 주었죠. 밸러드는 "저는 어렸을 때부터 호기심이 많았고, 자라면서 운 좋게도 열정을 잃지 않았어요."라고 말했습니다.

밸러드는 두 차례의 놀라운 발견으로 유명한 사람입니다. 첫 번째는 해저 생명체를 찾은 것입니다. 그전까지 과학자들은 바다의 밑바닥이 너무 어둡고 차가워서 생명체가 살수 없다고 믿었어요. 1977년, 밸러드와 동료들은 원격 조종 수중 카메라로 해저를 탐사했어요. 그곳에서 검은 연기와 비슷해서 '블랙 스모커'라고도 부르는, 아주 뜨거운 물을 뿜어내는 열수구를 발견했습니다. 또 그들은 열수구 근처에서 '거대 관벌레'를 발견했어요. 거대 관벌레는 태양 빛이 없어도 생존이 가능한 존재로 자신의 몸에 기생하는 미생물에 의존해 사는 생명체입니다. 밸러드와 동료들은 이렇게 아무도 존재하는 줄 몰랐던 생태계를 발견했습니다. 과학 연구에 따르면 그 벌레들의 신진대사는 지구의 다른 동물들과 완전히 다르다고 해요. 마치 외계 생명체처럼요.

밸러드의 또 다른 발견은 유명한 배와 관련되어 있습니다. 이 배는 1912년에 영국 사우샘프턴을 떠나 미국 뉴욕으로 항해했습니다. 배의 크기는 상당했는데 길이가 270미터, 무게는 4만 6328톤에 이르렀어요. 처음이자 마지막 항해 당시 세계에서 가장 큰 배였고, 세계적인 부자들이 타고 있었죠. 체육관, 수영장, 도서관, 무도회장, 식당, 아늑한 수면

실까지 갖추고 있었습니다. 이쯤이면 여러분도 어떤 배인지 짐작했을까요? 바로 타이태닉호입니다. 북대서양 한복판에서 침몰하면서 1500명 이상이 사망했지요. 이 비극적인 배의 금고에 700만 달러가 넘는 값어치의 보물이 있다는 소문이 나면서, 많은 사람이 수십 년에 걸쳐 침몰한 배를 찾으려고 노력했습니다. 하지만 성공한 것은 밸러드가 처음이었습니다. 밸러드와 동료들은 수중 음파 탐지기, 수중 카메라, 해저 로봇을 이용해 수심 약 4000미터에서 타이태닉호를 찾아냈습니다. 침몰한 지 73년 만이었죠.

밸러드는 지금도 해저 탐험을 계속하고 있습니다. 『해저 2만 리』의 등장인물인 네모 선장의 배 이름을 딴 탐사선 노틸러스를 타고요. 그의 또 다른 임무는 차세대 해양학자들을 교육하는 일입니다. 밸러드가 쓴 책 『영원한 어둠』의 첫 문장은 제가 마음 깊이 믿는 구절입니다. "우리는 모두 타고난 탐험가다."

5억 년의 역사를 가진 해파리

저는 해변에서 해파리가 팽창하고 수축하며 우아하게 물속을 떠도는 모습을 한참이나 바라보곤 했습니다. 해파리는 대부분 종 모양이고 헤엄칠 때 머리카락처럼 너울거리는 촉수가 있습니다. 마치 공중을 떠도는 낙하산처럼 해류를 따라 이리저리 움직이죠. 우리는 바다에서 보물을 찾다가 해파리들을 마주치곤 했는데, 대부분 투명한 젤리나 올챙이처럼 무해해 보였어요. 하지만 해파리를 향한 제 호감은 어느 여름날 끝났습니다. 어떤 못된 남자애가 제 음료수에 몰래 해파리를 넣은 거예요. 끔찍한 맛이 났고, 하마터면 물컹한 덩어리가 목구멍으로 넘어갈 뻔했죠. 그토록 지독한 장난은 처음이었어요.

비록 먹기에는 역겹지만 해파리는 과학적으로는 아주 흥미로운 생물입니다. 우선 지구상에 5억 년 넘게 존재해 왔습니다. 뇌, 심장, 뼈가 없고 몸의 96퍼센트가 물이지만(참고로 인간은 몸의 약 60퍼센트가 물입니다.) 매우 효율적으로 활동합니다. 아래쪽에 난 구멍으로 먹이를 빨아들이고 노폐물을 배출해요. 하지만 어떤 해파리는 아주 위험하니 조심해야 합니다. 예를 들어 상자해파리는 호주에서 상어보다 사람을 많이 죽입니다. 미세한 작살 같은 세포로 피부를 뚫고 독을 쏘죠. 상자해파리만큼은 아니지만 고깔해파리도 위험합니다. 고깔해파리는 다른 해파리처럼 물속에 잠겨 헤엄치지 않고 공기가 든 주머니를 수면 위로 내놓고 떠다닙

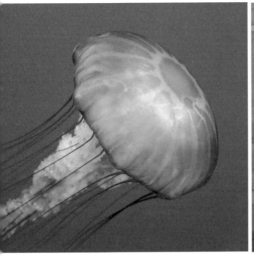

제가 마서스비니어드섬에서 자주 보던
해파리 종입니다.

낙하산은 해파리가 물속을 가르는
우아한 모습을 떠올리게 합니다.

니다. 얼핏 부풀어 오른 비닐봉지처럼 보이죠.

해파리에 쏘이면 처음에는 따끔한 느낌이 들 겁니다. 그
러다가 상처가 욱신거리기 시작하고, 심하면 팔다리가 완전
히 마비될 수도 있죠. 해파리의 독침은 물고기와 새우 같은
먹이를 마비시키는 수단입니다. 해파리 쏘인 부위에 오줌을
누면 낫는다는 말이 있는데요, 과학적으로 근거가 있는 이
야기는 아닙니다. 가장 좋은 방법은 식초를 탄 물이나 바닷
물로 헹구는 것이랍니다.

모래알에 담긴 이야기

"내 사무실 벽에는 정치 지도자들과 함께 카슨의 사진도 걸려 있다. 카슨은 그들 중 누구보다도, 어쩌면 그들 모두를 합친 것보다도 나에게 큰 영향을 끼쳤다." **레이철 카슨** (Rachel Carson)의 획기적인 환경 책 『침묵의 봄』 1994년 개정판 서문에 미국 전 부통령 앨 고어가 쓴 글입니다. 앨 고어는 자신이 지구 보호에 그토록 열을 올리게 된 게 카슨 덕분이라고 썼습니다. 카슨의 책 『침묵의 봄』은 우리가 먹는 음식과 생태계에 살충제가 끼치는 피해를 경고했습니다. 또 세계적인 환경 운동에 불을 지폈습니다. 오늘날에는 누구나 환경 문제를 생각하지만, 책이 처음 출간된 1962년 당시만 해도 그렇지 않았습니다. 카슨은 진정한 선구자였지요. 사람들에게 환경을 대하는 방식을 바꾸지 않으면 환경을 잃을 수도 있다는 사실을 알렸습니다.

바다는 카슨의 첫사랑이었습니다. 카슨의 전기를 쓴 작가 린다 리어에 따르면 카슨은 어렸을 때 커다란 조개껍데기 화석을 발견하고서 많은 의문을 품었다고 해요. '이건 어디서 왔을까? 이 안에 어떤 생물이 살았을까?' 훗날 카슨은

"바다의 모든 것에 푹 빠졌다."라고 말하죠. 어린 시절부터 글쓰기를 좋아했던 카슨은 10살 때 처음으로 어린이 잡지에 글을 실었습니다. 나중에 동물학 학위를 받고 대학을 졸업한 뒤, 미국 수산국에서 생물학자로 일하면서 바다에 관한 기사를 쓰기 시작했습니다. 이 기사들을 바다에 관한 자신의 책 3권 중 첫 번째인 『바닷바람을 맞으며』에 담았죠. 린다 리어는 카슨의 전기에 이렇게 썼습니다. "바람이 아무리 세게 불어도 카슨은 늘 해변을 걸었다. 가끔은 모래톱에 드러누워 바닷새들이 머리 위를 맴돌고 물속으로 뛰어드

카슨과 해양 생물학자 동료.

는 모습을 구경했다." 카슨은 한밤중에 손전등을 들고 해변을 산책하는 걸 가장 좋아했습니다. 낮에는 안 보이던 야행성 생물들을 찾을 수 있었기 때문이지요. 그리고 모든 냄새, 소리, 광경을 검은 수첩에 기록했습니다. 카슨은 이 모든 걸한 문장으로 멋지게 요약합니다. "해변의 굴곡, 모래알 하나에도 지구의 이야기가 담겨 있다."

해변의 수상한 생물들

우리 가족은 여름이면 여객선을 타고 마서스비니어드섬에 갔습니다. 저는 뱃고동 소리 때문에 괴로웠어요. 자폐인들은 대부분 소리에 민감합니다. 저에게도 소리는 정말 심각한 문제였지요. 치과 치료에 사용되는 드릴 소리가 저에게는 암석을 뚫는 착암기 소리처럼 느껴질 정도였거든요. 뱃고동 소리에 귀청이 터질 것만 같았습니다. 어머니는 저를 갑판 아래로 내려가 있게 했고 저는 한구석에서 있는 힘껏 귀를 막았습니다. 그 고생을 견디어 내고 나면 제가 사랑하는 것들이 펼쳐졌습니다. 바닷가 마을에서 했던 모든 활동이 너무나 즐거웠어요. 할머니 댁이 있는 웨스트 촙의 부두에서는 넙치 낚시를 했습니다. 고요한 해변에서는 불가사

제가 케이프코드 해안과 마서스비니어드섬에서 많이 본 불가사리 종입니다.

리를 많이 주웠어요. '바다의 별'이라고도 불리는 생물이죠.

불가사리는 물고기가 아닙니다. 등뼈가 없는 무척추동물로 물고기보다는 성게에 가까워요. 여러분이 해변에서 불가사리를 발견했을 때 말라 있다면 집으로 가져가도 괜찮습니다. 하지만 젖어 있다면 아직 살아 있는 것이니 만지지 않는 편이 나아요. 해파리처럼 불가사리도 독을 내뿜을 수 있거든요.

불가사리는 보통 팔이 5개인데, 어떤 불가사리는 50개까지 돋아 있습니다. 겉으로 보기에는 그저 예쁘고 순해 보이지만 알고 보면 사납습니다. 단단한 비늘이 덮인 피부를 이용해 자신을 천적으로부터 보호하지요. 가장 놀라운 점은 팔이 뜯겨 나가도 다시 자란다는 점입니다. 과학자들은 1700년대 초부터 그 신비한 재생 능력의 비밀을 밝혀내려고 시도해 왔어요. 상상해 보세요. 사람의 팔다리나 장기를 머리카락과 손톱처럼 다시 자라게 할 수 있다면 어떨까요?

불가사리는 먹이를 먹는 방식이 아주 독특합니다. 사람처럼 음식을 입에 넣고 삼키면 음식이 위장으로 가서 소화되는 것이 아니라, 말 그대로 먹이에 위장을 얹습니다. 팔을 써서 조개껍데기를 벌린 다음 입 밖으로 위장을 꺼내서 그 틈으로 밀어 넣죠. 위산을 분비해 먹이가 흐물흐물해지면 먹어 소화합니다. 그것만으로도 충분히 이상한데, 불가사리는 팔 끄트머리에 빛의 세기를 감지하는 눈이 달려 있어요. 따라서 팔로 '보는' 것이죠.

불가사리가 물고기가 아닌 것처럼 투구게도 게가 아닙니다. 유전학적으로 전갈이나 거미와 더 비슷하죠. 저는 허리케인 캐럴이 지나간 뒤에 웨스트 촙 부두 갯벌에서 투구게를 엄청 많이 발견했습니다. 고생물처럼 생겼다고 생각했는데, 아니나 다를까 지구상에서 4억 년 넘게 존재했다고 합니다. 공룡보다 2억 년이나 먼저 존재했던 거예요. 오늘날 우리가 보는 투구게의 모습은 4억 년 전과 거의 똑같습니다. 이 사실은 화석이 남긴 기록을 통해 알 수 있죠.

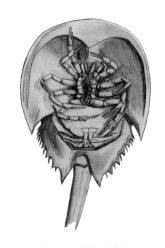

저는 투구게를 뒤집어 딱딱한 껍질 아래 뭐가 있는지 조사하곤 했습니다.

투구게는 말의 발굽 모양과 비슷하다고 해서 말발굽게라고도 불립니다. 하지만 제 눈에는 항상 군인들이 쓰는 철모인 투구처럼 보였습니다. 실은 한번 머리에 써 보려고 했다가 어머니께 혼난 뒤로 다시는 시도하지 않았죠. 세균이 득실득실하다며 야단을 치셨거든요. 투구게는 투구를 '탈피'합니다. 성체가 되는 약 10살까지 뱀이 허물을 벗듯이 투구를 16번쯤 벗고 새로 기르죠.

투구게는 머리, 배, 꼬리 세 부분으로 이루어져 있습니다. 날카롭고 뾰족한 꼬리는 꼭 독침처럼 생겼지만 실제 역할은 그게 아닙니다. 꼬리는 몸이 뒤집어졌을 때 지렛대처럼 모래를 딛고 몸을 바로 일으키는 역할을 합니다. 저와 동생들은 투구게의 꼬리를 잡고 바다로 던지면서 아가미가 펄럭이는 모습을 구경하곤 했어요.

불가사리 못지않게 투구게의 식습관도 독특합니다. 이빨이 없어서 다리를 사용해요. 10개의 다리 중 2개를 이용해 벌레나 바지락, 조류 등의 먹이를 으깬 뒤 입에 넣습니다. 또 투구게의 눈은 9개나 됩니다. 가시광선과 자외선을 모두 볼 수 있어서 새, 파충류, 물고기와 같은 천적을 피할 수 있지요.

마서스비니어드섬에서 제가 가장 좋아한 활동은 웨스트 촙의 큰 부두에서 이안류 물살을 타는 것이었어요. 이안류는 역파도라고도 하는데 말하자면 해안에 밀려드는 파도와 직각을 이루며 바다로 되돌아가는 물살입니다. 파도와 달리 수면 아래에서 발생해서 눈에 잘 안 보이지요. 마을 주민 중 누군가가 부두에서부터 근처에 떠 있는 뗏목까지 두꺼운 밧줄 2개를 연결해 수영장 레인처럼 만들어 두었어요. 뗏목은 기름통들을 엮어 만든 것이었는데, 이안류가 뗏목을 향해 우리를 거세게 떠밀면 온 힘을 다해 밧줄을 붙잡았어요. 물살이 워낙 세서 위험할 수 있으니까요. 뗏목까지 밀려가는 데 걸리는 시간은 고작 10초 정도였지만 어떤 놀이기구보다 재미있었습니다. 내리 5번쯤 물살을 타고 나면 기진맥진해졌어요. 하지만 밧줄 없이 이안류에서 수영하는 건 정말 위험하답니다. 미국 인명구조협회에 따르면 이안류는 해수욕장 물놀이 사고의 주요 원인이라고 해요.

한번은 동생들과 파도를 타면서 몸이 코르크 마개처럼 들썩이는 걸 즐기다가 갑작스럽게 먼바다 쪽으로 끌려간 적이 있습니다. 그날은 파도가 높아서 더 재밌었는데, 우리 아래 이안류가 흐르는지는 전혀 모르고 있었지요. 거센 물살이 저를 순식간에 떠밀었어요. 8살인가 9살이었던 저는 잔뜩 겁을 먹었어요. 천만다행으로 해변에 있던 한 남자가 상황을 파악했습니다. 제가 이안류에 휩쓸린 걸 알아챘던 게 분명해요. 왜냐하면 그 사람은 해변을 따라 달리더니 대각선 방향으로 헤엄쳐 와서 저를 낚아챘거든요. 얼마 뒤 상황을 깨닫고 놀란 어머니가 그분에게 감사를 표했습니다. 우린 그의 이름도 알아내지 못했어요. 그저 고마울 따름이지요.

지구를 여행하는 고무 오리

대규모 해류 이동 연구 프로젝트가 되어 버린 해상 사고가 있습니다. 1992년에 노란 오리, 녹색 개구리, 빨간 비버,

파란 거북 등 약 2만 9000개의 고무 인형이 실린 선적물이 사고로 홍콩과 미국 사이 어딘가에서 배 밖으로 떨어졌습니다. 이런 일은 드물지만 종종 일어납니다. 폭풍이 몰아칠 때 배에 실린 컨테이너들이 바다에 떨어지는 경우도 있지요. 컨테이너는 대체로 물 속 깊이 가라앉지만 스티로폼 포장재로 가득 찬 경우라면 수면 위로 떠오르지요. 바다 위를 표류하는 이 강철 컨테이너들은 '철제 빙산'으로 불립니다. 작은 보트는 물론이고 큰 배에도 매우 위험한 존재예요. 한번은 나이키 운동화 6만 1000켤레가 바다로 떨어진 적도 있어요. 고무 오리 사건이 일어나기 불과 2년 전의 일이었죠.

처음에는 오리 재앙처럼 보였던 이 사건은 세계적인 과학 실험으로 바뀌었습니다. 전 세계 사람들과 자원봉사자들이 해변을 뒤져 고무 인형과 운동화를 찾은 사실을 알리기 시작하면서, 거대한 해류의 패턴을 발견하게 되었거든요. 이 프로젝트는 해양학자 커티스 에베스마이어가 주도했습니다. 고무 인형들은 알래스카 해안에서 처음 발견됐고, 그 후 일본에서도 발견되었습니다. 그리고 놀랍게도 약 2년 만에 7400킬로미터를 이동해 알래스카로 되돌아왔어요. 에베스마이어는 20년 동안 미국, 중국, 북극에서 발견된 고무 인형과 운동화를 추적해서 거대한 연동 해류인 '환류'가 지구를

컨테이너 유출 사고 후 해변에 떠밀려 온 고무 오리입니다.

돈다는 사실을 증명했습니다. 에베스마이어는 이렇게 말했어요. "해변에 수많은 과학 정보가 놓여 있습니다."

유리병을 띄우는 것은 해류를 추적하는 전통적인 방식입니다. 사람들은 다양한 이유로 유리병에 쪽지를 넣어 바다에 띄워 보내곤 했습니다. 배에서 육지와 통신할 수 없던 시절에는 소중한 사람이 난파 사고를 당했을 때 작별 인사를 담은 쪽지를 병에 넣어 바다에 던졌습니다. 같은 방식으로 구조를 요청하거나, 범죄를 자백하거나, 사랑을 맹세하기도 했죠. 저는 오직 해류를 추적하기 위해서 쪽지가 담긴 유리 병을 띄웠습니다. 주로 짚으로 포장된 부모님의 와인 병을 이용했어요. 짚 때문에 물에 잘 뜰 것 같았거든요. 그리고 물에 잘 안 젖는 종이에다가 병을 어디서 찾았는지 알려 달라는 부탁의 글을 썼지요. 종이를 넣은 병을 코르크 마개로 잘 막은 다음 바다로 던졌습니다. 마서스비니어드섬을 오가는 여객선에서 밖으로 떨어뜨리기도 했고요. 동생들과 저는 답장이 오기를 간절히 빌었어요. 아마 스무 병 정도 보냈고, 절반 정도 답장이 온 것 같아요. 그중에서 가장 먼 곳은 뉴잉글랜드의 가장 북쪽에 있는 메인주였죠! 한번은 유리병이 없어서 어쩔 수 없이 알약을 담았던 병을 나무토막에 묶어서 띄웠는데, 성공해서 답장을 받았습니다. 가끔 이렇게 임기응변이 먹힐 때가 있답니다. 성공하지 않을 것 같더라도 시도해 볼 가치는 있어요. 그냥 한번 해 보는 것이 때때로 최고의 발견이 이루어지는 방법이거든요.

맑고 깨끗한 바다를 기억하며

실비아 얼(Sylvia Earle)은 미국의 여성 해양학자입니다. 실비아에게는 해저 바닥을 탐험하겠다는 꿈이 있었습니다. 이

전에도 해저 바닥에 도달한 사람들이 있었지만 실비아는 다른 방식으로 도전하고 싶었어요. 심해 잠수원들은 비상사태에 대비해 배와 연결된 사슬을 몸에 달고, 깊은 바다로 내려갑니다. 실비아는 사슬 없이 해저 바닥에 닿고 싶었습니다. 그는 해양 생태계의 모든 것에 매료되었고, 심해 잠수에 열중했습니다.

1979년, 실비아는 마침내 꿈을 이룹니다. 그레이엄 호크스라는 뛰어난 기술자가 짐 슈트라는 오래된 잠수 장비를 개조한 덕분이죠. 우주복처럼 생긴 이 장비에는 물체를 집을 수 있는 집게발이 달려 있었습니다. 사람이 그 안에서 메모를 할 수 있을 만큼 공간도 넉넉했어요. 짐 슈트를 입은 실비아는 하와이 해안에서 작은 잠수정에 붙어 심해로 이동했습니다. 그런 다음 홀로 떨어져서 해저를 탐험했습니다. 실비아는 수심 380미터 지점까지 내려갔는데, 이는 사람이 배에 묶이지 않은 채로 가장 깊이 잠수한 기록입니다.

몇 년 후 실비아와 그레이엄은 팬텀이라는 잠수정을 설계합니다. 팬텀은 배터리가 가볍고 가동 비용도 저렴했습니다. 조종할 수 있는 팔과 '슬러프 건'이라는 흡입 장치가 달려서 해양 동식물을 수집하고 관찰할 수 있었죠. 실비아는 이렇게 말했습니다. "의사가 되려면 우선 해부학을 공부해야 하는 것처럼 우리는 지구와 바다가 건강할 때 어떻게 작동하는지 알아야 합니다. 그래야 지구가 건강하지 않을 때 고칠 수 있습니다." 그는 해양 생태계의 신비를 이렇게 표현했습니다. "물 한 티스푼에도 생명이 있습니다."

저는 얼마 전에 해변에 갔다가 무척 화가 났습니다. 사방에 온갖 쓰레기가 널려 있었거든요. 모래사장에 음료수병과 패스트푸드 용기가 나뒹굴고, 어떤 사람들은 반려동물의 배설물을 치우지도 않더군요! 예전에는 사람들이 좀 더 자연

실비아 얼이 지구상에서 가장 좋아하는 장소인 심해에서
수중 탐사원에게 해양 생물을 보여 주고 있습니다.

을 존중했다는 생각이 들어요. 물론 과거에는 쓰레기가 생길 일이 비교적 많지 않았던 것도 사실입니다. 나들이를 떠날 때면 먹을 것과 식기를 집에서 모두 싸 오고, 뒷정리도 말끔히 했어요. 음료수는 보온병에 담았지요. 다 마신 콜라병은 가게에 반납하고 5센트를 받아 아이스크림을 사 먹곤 했죠. 해변에 쓰레기를 두고 떠나는 일은 상상도 못 했습니다. 어머니는 항상 이렇게 말했어요. "처음 왔을 때보다 더 깨끗하게 해 놓고 떠나야 해." 지금 생각해도 참 유익한 조언입니다. 저는 강연을 다니면서 많은 젊은이를 만납니다. 젊은 세대가 환경 문제에 관심을 쏟는 걸 보면 마음속에 희망이 차오릅니다. 반짝이는 조개껍데기와 조약돌이 깔린 해변, 그 너머의 드넓은 바다만큼 아름다운 것은 없습니다.

숲

어린 시절 저는 최대한 많은 시간을 밖에서 보내려고 했습니다. 실내에서는 늘 얌전하게 굴어야 했거든요. 저와 동생들은 조용히 말하고 예절을 지켜야 했습니다. 밥을 먹을 때에도 마찬가지였죠. 입을 벌리고 음식을 씹기라도 하면 어머니에게 한 소리를 들었어요. 부모님은 집안일에도 엄격했습니다. 우리 남매들은 침대를 스스로 정리하고 방을 직접 치워야 했어요. 특히 저는 수시로 보충 교육을 받았습니다. 자폐증 때문에 4살 때까지 말을 못 했거든요. 집중하는 데에도 어려움을 겪었고요. 초등학교 3학년 때까지도 글을 잘 못 읽었죠.

3살 무렵, 어머니는 제가 사회성을 기를 수 있도록 돕는 가정 교사를 구했습니다. 선생님은 제가 산만하게 굴지 않도록, 식사 예절을 잘 지키도록 도와줬어요. 놀이를 포함해 선생님과 함께한 모든 것은 주로 순서를 지키는 법을 배우는 과정이었어요. 때로는 밖에서 눈사람을 만들고, 썰매를 타고, 산책을 하며 시간을 보냈습니다.

초등학교에 들어가서는 날마다 방과 후에 어머니와 함께 책을 읽어야 했습니다. 어머니는 제가 스스로 읽을 수 있을 때까지 단어 하나하나를 소리 내어 읽어 줬어요. 그 덕분에 저는 3학년 수준에서 6학년 수준으로 빠르게 발전했죠. 이런 이야기를 하는 이유는 제가 밖을 왜 그렇게 좋아했는지 설명하기 위해서입니다. 학교에서 한나절을 보내고, 어머니와 함께 단어를 복습하고, 거기에 집안일까지 하고 난 뒤 밖으로 나가는 것에는 분명한 의미가 있었습니다.

드디어, 자유!

온전한 내가 되는 곳

우리 남매들은 집 앞마당과 뒷마당, 동네 골목을 쏘다니며 놀았습니다. 자전거 경주와 깡통 차기는 해도해도 질리지 않았어요. 무엇보다 신나는 놀이는 학교 뒷산에서 쉬는 시간마다 하던 숨바꼭질이었습니다. 저는 배수로 안에 들어간 다음 나뭇잎을 잔뜩 모아 덮는 식으로 몸을 숨기곤 했어요. 술래가 숲속을 뒤지는 동안 운동화가 나뭇잎을 밟는 소리에 귀를 기울이며 술래가 지나가기를 기다리는 일은 스릴 만점이었어요. 한번은 허수아비처럼 외투와 모자를 나뭇잎으로 채운 다음 미끼로 두었습니다. 술래가 허탕 친 틈에 술래의 집을 향해 달려갔답니다.

숲은 저에게 완벽한 놀이터였어요. 여름이면 어머니는 저희가 동네 숲에서 야영을 할 수 있게 했습니다. 우리 남매들은 몇 시간에 걸쳐 오래된 군용 텐트를 세웠습니다. 부모님은 우리끼리 해내도록 일부러 도와주지 않았어요. 또 한번은 집 근처 소나무 숲에서 낡은 침대보 몇 장으로 우리만의 텐트를 만들기도 했습니다. 이불을 나무에 끈으로 고정하고 두꺼운 실을 몇 타래나 써서 이불들을 꿰매 붙였어요. 정말 재밌었죠.

집 밖은 자연 그대로의 놀이터였습니다. 우리는 푸른 이끼, 운모, 돌, 새 둥지를 찾아서 온 동네를 몇 시간씩 돌아다니곤 했어요. 알이나 새끼가 있는 둥지는 절대 건드리지 말라고 배웠습니다. 저는 식물학자가 무슨 일을 하는 사람인지 알기 훨씬 전부터 마당의 나뭇잎과 꽃을 관찰하고 때로는 뜯어내 조사했죠.

우리는 동물의 흔적을 추적했고 도토리를 수백 개씩 모아 동네 아이들과 도토리 전쟁을 벌이기도 했어요. 오후 내내 행운의 네잎클로버를 찾을 때도 있었죠. 네잎클로버를 발견할 확률이 1만 분의 1 수준이라는 걸 알고 나니 정말 귀한 행운처럼 느껴졌어요. 그런데 정확히 따지면 세잎클로버든 네잎클로버든 실은 3~4개의 잔잎으로 이루어진 1개의 잎만 달려 있는 것이랍니다. 그러니까 우리는 네잎클로버가 아니라 네 잔잎 클로버를 찾는 것이죠. 왜 그런 돌연변이 클로버가 나오는지는 명확하게 밝혀지지 않았지만 따뜻한 곳에서 더 흔히 발견된다고 합니다. 아마 그래서 미국 북동부 지역에 사는 우리가 행운을 별로 못 찾았는지도 몰라요. 참고로 한 자루에 잔잎이 무려 56장이나 달린 '오십육잎클로버'가 발견되어 기네스 세계 기록에 오르기도 했답니다.

우리 남매들은 집 마당에 있는 나무를 타고 오르며 놀았습니다. 디딤대가 될 낮은 가지만 있으면 오르는 건 문제가 아니었죠. 저는 동네 친구들과 만화책, 간식, 새총, 손전등 등 온갖 물건을 챙겨 나무 위로 올라가곤 했어요. 때로는 옷걸이 따위로 갈고리를 만들어 양동이에 달고 밧줄을 건 다음 나뭇가지를 도르래 삼아 보급품을 조달했습니다. 한번은 자선 모금을 위해 팔아야 하는 사탕을 들고 올라갔어요. 지나가는 친구에게 그 사탕을 던지기도 했는데 정말이지 부끄러운 일이었죠. 이웃집 뒷마당에 있는 단풍나무 위에 집을 짓기도 했습니다. 집이라고 해 봤자 비록 나뭇가지에 널빤지를 몇 개 박아서 편히 앉을 만한 자리를 만든 게 전부였지만요. 그 이상으로 집을 꾸미지는 못했지만 나머지는 상상력이 채웠습니다. 제가 제일 좋아했던 책『스위스 로빈슨 가족의 모험』이 상상력에 불을 지폈죠.

우리 집 마당에는 사탕단풍나무가 많았는데 타고 오르기에 안성맞춤이었습니다. 우리에겐 2가지 도전 과제가 있었습니다. 얼마나 높이 오르는가, 그리고 얼마나 빨리 오르는가. 가끔은 시합도 했습니다. 저는 빨리 오르기 선수였어요. 모르는 사람이 보면 호랑이가 쫓아오는 줄 알았을 거예요. 저는 겁이 없었어요. 몇 시간 동안 나무 위에서 주변 환경을 살피고, 노을을 감상하고, 우리만의 암호를 만들어 소통하면서 놀았습니다. 그때의 느낌은…… 말로 표현하기 어려워요. 나무 위는 그리 조용하지 않았어요. 새들이 지저귀는 소리, 멀리서 자동차나 비행기가 지나가는 소리, 이웃집

문이 쾅 닫히는 소리, 누군가의 어머니가 고함치는 소리 등이 들렸거든요. 하지만 나무 위의 분위기는 환상적이었고, 상상력이 날개를 펼치기에 충분했습니다. 저의 영웅인 라이트 형제가 첫 비행에 성공해서 조종실 창밖을 내려다보는 기분, 우주 비행사들이 처음으로 우주에서 지구를 바라보는 기분을 상상하곤 했어요. 가끔은 제가 광활한 땅의 지배자가 된 것처럼 흉내 냈습니다. 무엇보다 어른들에게 떠밀려 또래처럼 읽고 말하느라 애쓰지 않고, 그저 온전한 내가 되는 것만으로 행복했습니다.

자연과 연결되는 시간

앤디 골즈워디는 영국의 예술가이자 환경 운동가입니다. 그는 예술 학교 입학시험에 합격했을 때만 해도 뛸 듯이 기뻤습니다. 하지만 기쁨은 잠시뿐이었어요. 비좁은 작업실에서 작업하는 게 영 적성에 안 맞았거든요. 어느 날 해변으로 떠난 그는 자연을 관찰하는 즐거움에 푹 빠졌습니다. "나는 그 몇 시간 동안 많은 걸 배웠습니다. 그 후로 밖에서 작업하기 시작했고, 다시는 작업실로 돌아가지 않았죠." 인터넷에서 앤디 골즈워디의 예술 작품을 검색해 보면 여러분도 깜짝 놀랄 거예요. 그는 돌, 나무, 낙엽, 얼음으로 작품을 만드는 '대지 예술가'로 유명합니다. 해변의 모래성이 바다로 돌아가는 것처럼 그의 작품 대부분은 다시 자연으로 돌아갑니다. 골즈워디는 가을 낙엽들의 선명한 색과 곡선을 활용해 원 또는 과녁 형태의 작품을 만듭니다. 그런가 하면 얼음이나 돌을 쌓기도 해요. 여러 동료와 함께 돌을 조립해 만든 거대한 작품도 있죠. 그의 작품에는 오직 자연 재료만 이용한다는 것 말고도 다른 특징이 있습니다. 모든 작품이 반복적이고 체계적인 작업으로 만들어진다는 것이지요.

골즈워디는 어린 시절 영국 북부의 한 농장에서 일한 경험이 지금의 열정으로 이어졌다고 말합니다. 또래 남자아이들은 트랙터 운전에 관심을 쏟았지만 골즈워디는 자연 속에서 손으로 하는 일을 좋아했다고 해요. 그는 이렇게 말합니다. "우리는 종종 우리가 자연의 일부라는 사실을 잊어버립니다. 자연은 우리와 분리되어 있지 않아요. 자연과 멀어지는 것은 우리 자신과 멀어지는 것이나 다름없습니다." 골즈워디는 예술을 이용해 자연과 우리를 다시 연결하려고 노력합니다.

저는 최근에 한 호두 농장에서 '디지털 거리 두기' 캠프를 운영하는 분을 만났습니다. 이 캠프에 참가한 아이들은 며칠간 전자기기를 끊고 지내야 하죠. 아이들은 처음 이틀 정도는 무척 힘들어 한다고 합니다. 전자기기 없이 무엇을 해야 할지 모르기 때문이지요. 하지만 며칠이 지나면 농장은 아이들의 놀이터가 됩니다. 난생처음 나무에 올라타 보는 친구도 생기죠. 아이들은 새로운 놀이를 만들어 내고 숲과 농장을 구석구석 탐험한다고 해요. 저는 이런 경험이 참 귀하다고 생각합니다. 비록 전자기기가 많은 과학 발전의 집약체고 오늘날 우리 생활에 없어서는 안 될 물건이지만, 가장 중요하고 훌륭한 실험실은 우리가 사는 세상이기 때문입니다.

글을 익힌 다음에는 같은 책을 반복해서 읽곤 했습니다. 가장 좋아했던 책은 앞에서도 언급했던 『스위스 로빈슨 가족의 모험』입니다. 1812년에 출간된 요한 데이비드 위스의 소설이지요. 스위스의 목사였던 작가는 네 아들에게 지략과 배려와 용기를 가르치기 위해 이 책을 썼다고 해요. 이야기는 한 가족이 탄 배가 영국에서 호주로 향하던 중 동인도 제도에서 난파당하며 시작합니다. 로빈슨 가족은 우여곡절을 겪으며 무인도에서 살아남는 법을 배워 나가죠. 우선 난파

된 배에서 가축들을 구해 내고 쓸 만한 것들을 모두 찾아냅니다. 본격적으로 섬을 탐험하면서부터는 낯설고 다양한 동식물을 발견해요. 원숭이 한 마리를 따라 코코넛 군락에 가서 코코넛 밀크를 얻고, 표주박을 그릇과 숟가락으로 사용하지요.

온 가족이 살림살이를 장만하는 동안 한 아들은 독수리가 새끼를 보호하기 위해 나무에 둥지를 트는 모습을 유심히 관찰합니다. 거기서 영감을 받은 가족들은 웅장한 나무 집을 짓기 시작해요. 나무줄기 안에서 썩은 부분을 제거한 뒤 난파선에서 떼어 낸 선장실 문을 설치하고, 난간이 달린 나선형 계단을 만들고, 빛과 공기가 통하도록 창을 냅니다. 저수지를 만든 다음 배관으로 연결해 집에 마실 물을 공급하고 거북이 등딱지 대야로 쏟아지게 합니다.

저는 지금도 종종 이런 상상을 합니다. 만약 북극에서 배나 비행기 조난 사고를 당하면 살아남을 수 있을까요? 그런 영화도 좋아합니다. 최근에는 「마션」(2015)을 재밌게 봤어요. 배우 맷 데이먼이 연기한 식물학자 와트니는 화성에 홀로 남겨져 4년 동안 살아가게 돼요. 화성의 땅을 비옥하게 만들기 위해 동료들이 남기고 간 똥을 거름으로 써서 감자를 재배하고, 남은 로켓 연료에서 물을 추출하는 방법을 알아내죠. 관객들은 와트니가 똥을 이용할 때 눈살을 찌푸리고 신음했지만, 그런 식물학 지식이 없었다면 그는 살아남지 못했을 거예요.

나무를 관찰하는 법

우리 집 뒤뜰에 있던 단풍나무들은 키가 9~12미터 정도였지만, 단풍나무는 최대 30미터까지 자랄 수 있다고 합니다. 지구상에는 약 200종의 단풍나무가 있습니다. 제가 자란 뉴잉글랜드 지역에서 흔한 종은 사탕단풍, 검단풍, 루브룸단풍, 은단풍입니다. 단풍나무의 멋진 특징 중 하나는 봄에 나무에서 떨어지는 날개 열매입니다. '시과'라고도 하는데 우리는 '키'라고 불렀어요. 시과는 헬리콥터나 바람개비처럼 바람을 타고 빙글빙글 돌면서 떨어집니다. 보통 날개 2개와 중앙의 씨앗 2개로 이루어져 있어요. 단풍나무는 가지를 아주 넓게 뻗으며 자라기 때문에 씨가 양지바른 곳에 멀리 뿌려져야 하는데, 이때 날개가 큰 역할을 합니다. 미국에서는 매년 농민들을 위한 실용적인 정보를 담은 『농민 연감』을 펴내는데요, 2019년 연감에 실린 글에 따르면, 시과의 날개 형태가 무척 기발해서 과학자들이 우주 탐사 연구에도 참고했다고 합니다. 물론 저와 제 동생은 그 얇은 날개가 어떻게 작동하는지는 잘 몰랐어요. 그저 날개를 떼어서 코에 붙이며 놀았죠.

　나무를 식별하기 위해서는 나무의 모양, 잎, 나무껍질, 뿌리의 갈래 등을 살펴보아야 합니다. 물론 굳이 식물도감을 참고하지 않고 눈으로만 봐도 알 수 있는 나무도 많습니다. 예를 들어 야자수는 키가 매우 크고 나무껍질이 마치 손목을 감싼 붕대처럼 부드럽습니다. 가지가 없고 꼭대기에 긴

우리는 이런 단풍나무 날개 열매를 반으로 쪼개서 코에 붙이곤 했습니다.

잎들이 왕관처럼 뻗쳐 있죠. 상록수의 일종인 침엽수는 대부분 외뿔 형태입니다. 가지마다 바늘 같은 잎이 촘촘해서 크리스마스 장식품을 걸기에 안성맞춤입니다.

나무를 분류해 보면 낙엽수와 상록수가 많습니다. 낙엽수는 가을에 잎이 떨어지고 봄에 다시 잎이 나는 나무입니다. 잎이 넓어서 활엽수라고도 하며, 비교적 온난한 지역에서 자라지요. 저는 단풍나무가 낙엽수라는 걸 알고 있었어요. 가을이면 낙엽이 졌기 때문이죠. 저와 동생들은 낙엽을 무더기로 긁어모아 그 위에 뛰어들곤 했어요. 과일나무는 대부분 낙엽수입니다. 봄에 씨앗을 품은 꽃을 피우고, 씨앗은 과일로 자라지요.

반면에 상록수는 사시사철 푸른 잎을 유지하는 나무입니다. 잎이 넓지 않고 바늘처럼 가늘고 뾰족하죠. 이런 나무들은 주로 솔방울과 같은 열매를 맺어요. 솔방울은 씨앗을 퍼지게 하고 보호하지요. 대표적인 상록수는 소나무, 가문비나무, 전나무입니다.

만약 여러분이 온대나 열대 지역에 산다면 야자수를 흔히 볼 텐데요, 야자수는 또 다른 나무 범주인 종려과에 속합니다. 무려 60미터까지 자랄 수 있다는 점을 빼면 키가 작은 나무인 관목과 공통점이 더 많아요. 야자수가 빼빼 마른 이유는 물이 충분하지 않기 때문입니다. 줄기가 굵게 자라려면 물을 아주 많이 빨아들여야 하거든요. 야자수는 햇빛을 받기 위해 높이높이 자라고, 꼭대기의 잎들은 부채처럼 펼쳐집니다. 야자수 또한 열매를 맺는답니다. 대표적인 열매가 바로 코코넛이죠.

다채롭고 아름다운 자연의 모양

나무를 정확하게 식별하려면 잎을 조사해야 합니다. 여러분도 이미 알고 있겠지만, 나무가 생명을 유지하는 데 가장 큰 역할을 하는 것은 잎입니다. 거대한 나무에서 제일 연약한 부분이 중요한 역할을 한다니 참 놀랍죠. 잎, 더 구체적으로 엽록소는 광합성을 통해 태양 에너지를 흡수해서 나무의 양분인 당으로 바꿉니다. 태양의 에너지, 토양의 물, 공기 중 이산화탄소가 결합해 포도당을 생산하지요. 광합성을 하는 동안 엽록체라는 식물 세포 안의 특수한 구조물이 물을 수소와 산소로 분리하고, 산소는 잎의 작은 구멍을 통해 다시 대기로 빠져나갑니다. 바로 우리가 들이마시는 공기가 되는 것이죠.

또 엽록소는 잎이 녹색을 띠게 만드는 역할도 해요. 가을에 잎의 색이 변하는 이유는 엽록소가 부족해졌기 때문입니다. 해가 짧고 기온이 낮은 가을과 겨울에는 식물이 흡수할 수 있는 햇빛이 줄어들어요. 그러면 녹색 엽록소가 파괴되고 다른 색소가 드러납니다. 그 덕분에 가을에는 선명한 빨강, 주황, 노랑 나뭇잎을 볼 수 있죠. 엽록소가 사라지면서 잎자루 끝이 느슨해지다가 끝내 떨어집니다. 몸에 상처가 나면 피가 굳는 것처럼 나무도 스스로 잎자루가 떨어진 부위를 메워요. 그 흔적을 잎자국이라고 합니다.

잎으로 나무를 식별하려면 다음 4가지를 살펴봐야 합니다.

- 모양
- 잎맥
- 가장자리
- 줄기에 달린 형태

잎의 모양은 손 모양, 창 모양, 하트 모양이 있고 둥글거나 타원형이거나 납작하거나 홀쭉합니다. 비록 잎처럼 안 생겼지만 소나무의 바늘, 선인장의 가시, 아스파라거스의 줄기 끝 봉우리도 모두 잎이랍니다. 잎맥의 경우 잎의 밑부분에서 가장자리를 향해 사선으로 나 있는 잎맥도 있고, 우리 몸의 정맥처럼 굵은 맥에서 모세 혈관처럼 가느다란 맥으로 가지 치듯 뻗어 나가는 잎맥도 있습니다. 잎의 가장자리 또한 중요한 특징입니다. 매끄럽나요? 톱처럼 들쭉날쭉한가요? 마지막으로, 잎이 줄기에 달린 형태는 기본적으로는 3가지입니다. 줄기 좌우에 '쌍으로' 달린 형태, 발자국처럼 '교대로' 달린 형태, 아티초크의 잎처럼 줄기 둘레를 '휘감듯' 달린 형태가 있어요.

이처럼 자연 곳곳에는 놀라운 패턴이 숨어 있습니다. 해바라기가 대표적인 사례이지요. 해바라기의 씨앗들은 피보나치수열이라는 수학적 패턴으로 아름답게 배열돼 있거든요.

해바라기는 자연에서 발견되는 아름다운 수학적 패턴입니다.

뱃사람이 된 약초 아가씨

1740년대 프랑스에서 여자는 정규 교육을 못 받았습니다. 가난한 농민의 딸이었던 **잔 바레**(Jeanne Baret)의 경우도 마찬가지였어요. 바레는 어려서부터 식물을 좋아해서 온갖 식물의 약효를 알아냈습니다. 바레가 남긴 정보 대부분은 지금까지도 전해지고 있지요. 바레는 '약초 아가씨'였어요. 그 당시에는 약사부터 조산사까지 모든 사람이 약초 치료를 위해 약초 아가씨들에게 의존했습니다. 그럼에도 불구하고 식물학은 낯선 과학 분야였고, 식물 채집은 중요한 일로 여겨지지 않았지요.

바레는 필리베르 코메르송이라는 남자의 가정부로 일했습니다. 코르메송은 동물학, 식물학, 광물학, 지질학 등을 통틀어 연구하는 박물학자로, 프랑스의 세계 일주 원정대에 뽑히게 됩니다. 원정대의 목적은 프랑스에 목재, 의약품, 향신료를 공급해 줄 새로운 땅을 찾는 것이었어요. 바레는 코메르송에게 자신을 원정에 데려가 달라고 부탁했습니다. 코메르송은 허락했지만, 문제가 더 있었어요. 프랑스 법에 따르면 여자는 배를 타고 여행할 수 없었거든요. 바레는 너무나 간절한 마음에 젊은 남자로 변장을 하고 330명의 남자

중 한 사람이 되어 배에 올랐습니다. 여자 이름인 잔에서 남자 이름인 장으로 바꾸고 고된 뱃일을 하면서 눈에 띄지 않도록 노력했어요.

바레는 식물을 500종 이상 채집한 식물학자이자 세계를 일주한 최초의 여성입니다. 하지만 여자라는 이유로 마땅한 찬사나 명예를 받지는 못했죠. 코메르송은 70종이 넘는 동식물에 자기 이름을 붙였는데 바레의 이름이 붙은 종은 오직 하나였어요. 지금은 멸종된 바다 우렁이 바레티죠. 하지만 바레의 전기 작가인 글리니스 리들리는 아마도 바레가 날치, 쥐가오리, 바다거북 등 눈부신 바다 생물들을 제 눈으로 본 것만으로도 만족했을 거라고 추측합니다. 나중에 프랑스 해군은 프랑스에 세계 식물 지식을 널리 알린 바레의 공로를 인정해 연금을 지급했습니다.

나무는 기록한다

어렸을 때 나만의 나무 도감을 만들어서 수집한 정보를 모두 기록했습니다. 실험실 가운을 입지는 않았지만 스스로 연구원이라고 상상했어요. 크리스마스 선물로 현미경을 받았을 때는 렌즈 아래 넣을 수 있는 것은 모조리 넣고 들여다봤습니다. 백과사전도 열심히 찾아보았어요. 백과사전은 인터넷이 생기기 전의 검색창이라고 할 수 있어요. 요즘에는 온라인에서도 백과사전을 살펴볼 수 있지요. 다양한 나뭇잎을 모아 모양, 잎맥, 가장자리, 줄기에 달린 형태를 관찰하고, 책이나 온라인에서 얻은 정보를 토대로 식별하는 작업은 흥미진진합니다.

어린 시절 저는 나무껍질을 그다지 눈여겨보지 않았습니다. 나중에 가서야 나무껍질이 여러 층으로 이루어졌으며 나무에게는 인간의 피부처럼 중요한 존재라는 것을 배우게 됐습니다. 나무껍질은 세균과 곰팡이뿐 아니라 태양, 바람, 눈으로부터 나무를 보호합니다. 나무껍질은 생태계의 일부이기도 합니다. 생태계는 동식물을 포함해 모든 생물이 더불어 사는 환경이지요. 나무껍질은 특정 새, 동물, 곤충, 이끼 등에 먹이와 은신처를 제공합니다. 잘 보면 나무껍질마다 사포 같은 것, 우둘투둘한 것, 잔금이 간 것, 쩍쩍 갈라진 것, 매끄러운 것, 종이 같은 것 등 모양과 질감이 다양합니다. 나무껍질은 나무줄기에서 가장 새로운 부분이에요. 그 아래에는 부름켜라는 얇은 조직이 있고, 부름켜 아래에는 체관부라는 속껍질이 있습니다. 체관부는 잎에서 광합성으로 만들어진 양분을 나무의 곳곳에 전달하지요.

여러분은 나이테로 나무의 나이를 알 수 있다는 사실을 배웠을 거예요. 우리가 1년으로 치는 나이테 고리 1개는 사실 고리 2개입니다. 나무의 1년이 두껍고 밝은 띠와 얇고 어두운 띠로 나타나기 때문이죠. 밝은 띠는 비교적 따뜻하고 비가 많이 온 계절에 성장했음을, 어두운 띠는 추운 계절에 더디게 성장했음을 보여 줍니다. 또 띠가 얇을수록 성장 상태가 좋지 않았던 것을 나타내요. 가뭄이나 화재, 비정상적인 온도 등이 그 이유가 될 수 있겠지요. 나무는 안쪽에서 바깥쪽으로 자라기 때문에 중심이 가장 오래된 부분이고 테두리가 가장 새로운 부분입니다.

나무의 중심부인 심재는 죽은 상태이지만 나무에서 가장 강한 부분입니다. 공기와 다른 요소의 영향을 받지 않고 나무를 지탱하죠. 인간이 기상 관측을 시작한 건 불과 150년 정도밖에 안 됐기 때문에 나무는 기후 변화를 연구하는 과학자들에게도 유용한 도구랍니다. 수백 년을 산 나무가 역사에 기록되지 않은 과거의 기후를 알려 주거든요.

앤드루 더글러스(Andrew Douglass)는 나이테를 통해 과거의 기후를 알아보는 방법을 고안해 낸 사람입니다. 그는 미국 뉴멕시코주의 푸에블로 보니토 유적과 아즈텍 유적 같은 고고학 유적지에서 20년 가까이 나무 표본을 수집했습니다. 그리고 나이테를 이용해 과거의 기후를 알아내기 시작하며 연륜연대학이라는 과학 분야를 창시했지요. 연륜연대학은 나이테를 분석해 연대를 측정하고 환경을 연구하는 학문입니다. 더글러스의 연륜연대학 덕분에 우리는 지난 2000년 동안의 기후 상황을 알게 되었죠.

더글러스의 업적은 오늘날 전 세계 12개의 대형 연구소와 4000개의 온라인 사이트를 통해 이어지고 있습니다. 이 기관들은 국제 나이테 저장소에 데이터를 수집하고 이를 이용합니다. 저는 연륜연대학자 발레리 트루에의 표현을 좋아합니다. "나무는 기억합니다. 나무는 거짓말을 하지 않고 역사를 기록합니다." 연륜연대학자들은 나무의 나이

거대한 세쿼이아 나무 단면 앞에 서 있는 더글러스. 서로 다른 연대를 나타내는 표시들이 보입니다.

테를 조사해 과거에 발생한 비, 가뭄, 질병, 화재, 충해, 화산 활동, 빙하의 변화를 알아냅니다. 그리고 인간 활동이 수십 년 동안 환경에 어떤 영향을 끼치는지 연구해서 기후 변화의 미래를 예측하는 일에도 도움을 준답니다.

6살 무렵의 저는 철쭉에 푹 빠졌습니다. 아마 집 주변에 철쭉 관목이 가득했기 때문일 거예요. 얼추 제 눈높이여서 봄마다 꽃들이 슬로 모션처럼 피는 걸 지켜볼 수 있었죠. 날마다 꽃의 개화 과정을 관찰하곤 했어요. 그러면서 깨달은 것 하나는 모든 꽃이 동시에 피지는 않는다는 사실입니다. 어떤 꽃은 활짝 폈는데 어떤 꽃은 이제 막 봉오리를 벌리기 시작하고, 또 다른 꽃은 아예 주먹처럼 꽉 닫혀 있었죠. 저는 무언가를 관찰하고, 분류하고, 작동 방식을 이해하는 걸 좋아했어요. 다르게 이야기하면 과학적 사고방식을 좋아했다고 말할 수도 있겠죠. 그래서 꽃봉오리를 떼어 내 발달 단계를 조사하곤 했어요. 다음의 사진들은 철쭉의 세 발달 단계를 보여 줍니다.

봉오리를 반으로 가르면 꽃의 모든 부분을 볼 수 있습니다. 바깥쪽부터 보자면 꽃잎(씨를 보호하다가 활짝 벌어지면서 선명한 색으로 곤충들을 끌어들이는 부분), 꽃밥(꽃가루를 생산하는 부분),

철쭉 꽃봉오리입니다. 서서히 벌어지다가 완전히 폈습니다.
꽃잎 안쪽에 '꿀샘'이라는 검은 반점들이 보입니다.

암술머리(꽃가루를 받는 부분), 씨방(밑씨를 보호하는 부분), 그리고
꽃받침(줄기에서 꽃을 받쳐 주는 두꺼운 부분)이 있습니다.

사과를 심은 남자

제가 초등학생 때 우리 가족은 가을마다 사과를 따러 과
수원에 갔어요. 미국 북동부 지역에서 흔한 품종인 매킨토
시 사과를 주로 땄죠. 전형적인 미국인을 가리켜 '애플파이
만큼 미국인답다.'라는 표현을 쓰곤 하는데요, 사실 사과의
원산지는 중앙아시아입니다. 유럽의 식민지 개척자들이 사

과를 미국에 들여온 것이지요. 사과는 너른 공간에서 햇빛을 충분히 받아야 잘 자라기 때문에 사과 과수원은 보통 양지바른 곳에 길게 늘어서 있습니다. 사과 품종은 야생종을 빼고 재배종만 세어도 7500~1만 종에 이릅니다. 이런 다양성은 수백 년간 교차 수분을 거친 결과입니다. 교차 수분은 한 식물이 다른 식물의 꽃가루를 받아 수분하는 것입니다. 야생 사과는 크기도 작고 맛도 써서 그다지 먹음직스럽지 않답니다. 오늘날 우리가 먹는 사과는 모두 재배된 것으로 크기, 색, 모양, 맛, 껍질의 두께, 과육의 당도와 식감이 다양합니다. 사과의 껍질은 과육을 보호하고, 꼭지는 탯줄처럼 나무에서 과실로 영양분을 공급합니다.

사과나무는 봄에 꽃잎이 5개인 분홍색 또는 흰색 꽃을 피웁니다. 꿀벌이 꽃의 꽃밥에서 암술머리로 꽃가루를 옮기는데, 이 과정을 수분이라고 해요. 다음에 사과를 먹기 전에 한번 거꾸로 뒤집어 보세요. 사과의 눈이라고도 하는 꽃 흔적을 볼 수 있을 거예요.

미국의 여러 지역에 사과를 소개한 사람은 조니 애플시드입니다. 그는 부대 자루로 만든 옷을 입고 신발도 잘 안 신고 다녔다고 해요. 게다가 사과주를 만들 양철 냄비를 모자처럼 쓰고 다녔다고 합니다. 조니 애플시드는 1774년에 제 고향이기도 한 매사추세츠주에서 태어났습니다. 본명은 존 채프먼이고 직업은 묘목상이었습니다. 고향인 동부 해안을 떠나 서부 개척지에 가서 과수원을 일구었죠. 농부의 아들이었던 그는 어려서부터 농작물을 재배하는 법을 익혔고, 그 지식을 펜실베이니아주, 오하이오주, 인디애나주, 일리노이주로 전파했습니다.

저는 어릴 때 조니 애플시드에 관한 그림책을 보고 그가 미국 전역을 걸어 다니며 사과씨를 뿌리는 모습을 상상하곤 했어요. 실제의 채프먼은 번듯한 과수원을 가꾸는 사람이었습니다. 그의 과수원은 5제곱킬로미터 가까이 이르렀다고 해요. 하지만 그가 키운 사과를 여러분에게 맛보라고 권하고 싶지는 않아요. 그 사과들은 작고 딱딱하고 썼거든요. 그냥 먹는 게 아니라 주로 사과 브랜디, 그러니까 독한 사과주를 만드는 데 쓰이는 사과였죠.

채프먼은 사과만 좋아한 게 아닙니다. 마이클 폴란의 책 『욕망하는 식물』에 따르면 그는 모기가 타 죽을까 봐 모닥불을 끌 정도로 자연을 소중히 여기는 사람이었어요. 다리를 저는 말들이 죽임을 당하기 전에 사들였고, 덫에 걸린 늑대를 구해 반려동물로 맞기도 했죠. 어느 눈 내리는 날에는,

움푹 팬 통나무에서 하룻밤 자려다가 그 안에 웅크리고 있는 새끼 곰들을 발견했답니다. 그는 새끼 곰들을 방해하지 않기 위해 그냥 눈밭에서 잤다고 해요. 그는 식물과 동물의 관점으로 세상을 바라봤습니다. 저는 그런 조니에게 동질감을 느껴요. 부디 더 많은 사람이 동물과 식물의 관점으로 세상을 보면 좋겠습니다.

언젠가 사과를 먹다가 실수로 씨앗을 삼킨 적 있습니다. 그러자 여동생이 제 배 속에서 사과가 자랄 거라고 말했어요. 조금 불안했는데, 이번에는 남동생이 사과씨에 독이 있다고 하지 뭐예요. 백과사전을 찾아보니 정말로 사과씨에 사이안화물(청산가리) 계통인 아미그달린이라는 독성 물질이 들어 있다는 겁니다. 맙소사! 저는 잔뜩 겁이 났어요. 다행히 좀 더 읽어 보니 사과씨는 씹어 먹었을 때만, 그리고 최소한 150개는 섭취해야 인체에 해롭다고 하더라고요. 그러자 문득 궁금해졌어요. 씨를 150개 섭취하려면 사과를 대체 얼마나 많이 먹어야 하는 걸까요? 만약을 대비해서 알고 있으면 좋을 것 같았거든요. 모든 사과는 5개의 씨방이 있고, 씨방마다 씨가 보통 1~2개씩 들어있으니, 한꺼번에 사과를 30알은 먹어야 합니다. (간혹 사과 1개에 씨가 최대 13

개 들어 있는 경우도 있다고 합니다.) 그러니까 여러분도 사과를 먹다가 실수로 씨앗을 삼키더라도 걱정하지 마세요. 다만 제 동생들처럼 장난기 많은 형제자매가 있다면 조심하세요. 여러분을 놀리려고 호시탐탐 기회를 엿볼 테니까요.

새

    어린 시절 저의 소원 1위를 꼽자면 하늘을 나는 것이었습니다. 12살에 처음으로 비행기를 타 보았는데, 제가 탄 비행기 기종은 록히드 일렉트라였어요. 처음으로 겪은 기압 변화는 끔찍했어요. 자폐인들은 대부분 압력에 몹시 민감하거든요. 비행기가 이륙할 때는 마치 고문을 당하는 것 같았는데, 순항 고도에 도달하고 나서는 괜찮았어요. 아래로 보이는 구름에 온 마음을 빼앗겼거든요. 창밖에 깔린 구름은 걸어 다닐 수 있는 하얀 언덕처럼 보였죠. 비행에 관한 또 다른 기억은 마서스비니어드섬에서 갈매기를 관찰한 것입니다. 갈매기들은 날개를 움직이지 않고도 바람의 흐름을 타고 날 수 있었어요. 글라이더처럼요. 저는 연날리기도 좋아했어요. 종이와 막대기로 간단한 연을 만들기도 했지만, 날개가 뒤로 꺾인 멋진 연도 가지고 있었어요. 해변에서 몇 시간이고 연을 날리며 연이 기류를 타고 나는 모습을 구경했죠. 개구리헤엄 하듯 양팔을 저으며 하늘을 나는 꿈도 자주 꿨답니다.

새처럼 비행하는 법

공학자인 저에게 새가 나는 원리는 무척이나 감탄스럽습니다. 새의 신체 구조는 비행에 안성맞춤인데, 그중 으뜸은 물론 깃털입니다. 질기고 가볍고 유연하며 새의 체온을 유지해 주거든요. 또 천적의 눈에 띄지 않도록 위장 색을 띠기도 해요. 작은 새들은 뱀이 허물을 벗듯이 '털갈이'를 해서 1년에 1~3번 깃털을 갑니다. 아주 큰 새들은 부분적으로 털갈이를 해서 몇몇 깃털만 갈고요. 날개 모양 또한 중요합니다. 새의 날개는 몸을 들어 올릴 추진력을 낼 수 있게 곡선 형태를 띠고 있습니다. 그리고 세차게 퍼덕여 날 수 있도록 강력한 근육이 발달했죠.

나머지 부분들도 비행에 최적화되어 있습니다. 새의 부리와 뼈는 대부분 속이 비어서 아주 가볍습니다. 새들이 어떻

저는 날아오르는 새를 바라보는 걸 좋아합니다.

게 나뭇가지나 전깃줄처럼 얇은 물체에 착지할 수 있는지 궁금하지 않나요? 정답은 뛰어난 시력입니다. 그리고 착륙 장비라고 할 수 있는 발톱 또한 아주 강하면서도 가볍죠.

인간은 아주 먼 옛날부터 하늘을 날고 싶어 했습니다. 고대 그리스 신화에 따르면 탑에 갇힌 다이달로스는 깃털과 밀랍으로 날개를 두 쌍 만들어서 아들 이카루스와 함께 탈출했어요. 하지만 이카루스는 태양에 너무 가까이 가지 말라는 아버지의 충고를 어기고 높이 날다가 태양의 열기에 밀랍이 녹아서 그만 바다에 빠지고 말죠. 오늘날 '태양 가까이 날지 말라'는 표현은 야망이 지나치면 화를 부르니 조심

하라는 뜻으로 쓰입니다.

하지만 인간이 하늘을 날기까지는 엄청난 야망과 독창성과 끈기가 필요했어요. 비행기가 생기기 전에 사람들은 열기구와 비행선을 발명해 하늘에 띄웠습니다. 둘 다 비행에 그다지 효과적이지 않았어요. 날씨에 쉽게 영향을 받고 조종하기도 어려웠죠. 초기 항공술의 실수는 새를 모방하려고 한 것입니다. 사람들은 그저 퍼덕이는 날개만 있다면 날 수 있다고 생각했어요. 하지만 사람의 몸에 맞추기 위해서는 6미터가 넘는 거대한 날개가 필요했습니다. 그렇게 크면 너무무거워서 땅에서 뜰 수 없죠. 새들은 몸집에 비해 엄청나게 강한 힘을 발휘합니다. 그 점을 생각하는 게 중요했어요. 날개를 퍼덕이는 것보다 훨씬 큰 추진력을 낼 수 있는 방법인프로펠러를 회전시키는 방법을 찾고 나서야, 인간은 하늘에닿게 되었습니다. 비록 인간이 새처럼 나는 것은 불가능한것으로 밝혀졌지만, 미국 특허청은 새를 따라한 R.J. 스팔딩의 기계에 특허 번호 398984번을 발행했습니다.

제 영웅인 라이트 형제는 세계 최초로 성공적인 비행기를만들었습니다. 수십 년간의 시행착오를 거친 끝에 1903년에 '비행 기계'라는 이름으로 첫 특허를 받았어요. 그들은 글라

1889년 미국 특허를 받은 '하늘을 나는 기계'입니다. 혹시 여러분도 타 보고 싶나요?

이더에 가벼운 휘발유 엔진과 프로펠러를 추가했습니다. 그렇게 만든 비행기를 성공적으로 조종하기까지 1000번 가까이 테스트하고 수정했어요. 이 과정에서 비행기의 3축 운동인 피치(pitch, 위아래로 움직임), 롤(roll, 비스듬히 기울임), 요(yaw, 좌우로 움직임)에 숙달해야 했습니다. 물론 새들은 이것들을 본능적으로 합니다. 인간은 하늘을 나는 새의 능력에 감탄했고 새와 함께 하늘을 날기 위해 노력해 왔습니다.

비록 날개를 퍼덕이는 방식으로 비행기를 띄울 수는 없었지만, 비행기는 새로부터 여러 아이디어를 얻었습니다. 새는 비행을 조절하려고 날개를 기울입니다. 마찬가지로 비행기 날개에는 이륙 시 속도를 높이거나 착륙 시 속도를 낮추기 위해 위아래로 움직일 수 있는 플랩이라는 장치가 있습니다. 또 비행기를 자세히 보면 꼬리 끝에 삼각형을 닮았지만 꼭대기가 평평한 모양의 방향타가 달려 있습니다. 방향타는 새의 꼬리처럼 공기의 흐름을 바꿔 방향을 조절하는 역할을 하죠. 새가 착지하는 모습을 유심히 살펴보세요. 방향을 잡기 위해 꼬리를 흔들 거예요. 비행기의 양 날개 끝은 위로 살짝 꺾여 있는데 이 부분은 윙렛이라고 합니다. NASA가 비행기의 속도를 늦추는 공기 흐름인 항력을 줄이기 위해 처음 개발했죠. 공학자들은 맹금류의 날개 끝이 위로 들린 것을 보고 윙렛을 고안했다고 합니다. 그 덕분에 항력을 20퍼센트 줄이고 연료도 절약하는 효과를 거뒀습니다.

제비에게는 꽤 유용한 인간

사람들은 오랫동안 새가 멍청하다고 생각했습니다. 제가 어릴 때 또래 아이들은 '새대가리'라는 표현을 써서 서로 멍청하다고 놀리곤 했어요. 저는 또래와 다르다는 이유로 수많은 놀림을 당했습니다. 하지만 어째서 제가 다른 것인지 도무지 이해할 수 없었기 때문에, 그저 제가 하고 싶은 일에 관심을 쏟았어요. 특히 말을 타거나 돌보는 걸 좋아해서 마구간에서 많은 시간을 보냈지요. 그곳에서 작고 짙푸른 새인 제비를 처음 만났습니다.

제비들은 저나 말을 무서워하지 않았어요. 제가 말을 돌보고 마구간을 청소하는 동안 자유롭게 마구간을 드나들었죠. 저는 제비들이 처마 밑 둥지를 오갈 때 아주 빠르고 거침없이 이동하는 모습을 보며 감탄하곤 했어요.

제비들이 인간에 익숙해진 게 틀림없다고 생각했습니다. 알고 보니 제비들이 인간 근처에 머물게 된 데에는 또 다른 이유가 있었어요. 인간은 제비에게 유용한 존재랍니다. 곤충의 세계를 무심코 뒤흔드는 인간이 곤충을 주식으로 하는 '식충 동물'인 제비에게 완벽한 먹이 터전을 제공하기 때문이죠. 제비들은 날면서 파리를 잡아먹기도 하고 강이나 연못에서 부리를 열고 물과 벌레를 훑듯이 퍼마시며 식사를 한답니다.

제비들은 어디에 집을 짓든 진흙으로 컵 모양 둥지를 만들고 그 안에 풀과 깃털을 폭신하게 깝니다. 만약 여러분이 헛간이나 비행기 격납고처럼 천장이 높고 들보가 있는 구조물 안에 들어간다면 제비를 발견할 가능성이 높습니다. 제비집을 찾아 들보를 살펴보세요. 어떤 들보에는 제비집이

저는 말을 돌보던 마구간에서 제비를 처음 만났습니다.

여러 개 붙어 있을 거예요. 원래 제빗과는 동굴에 살았는데 이제 대다수가 인간이 지은 건물에 삽니다. 여기서 우리는 제비가 적응력이 뛰어난 동물이라는 중요한 사실을 알 수 있죠. 제비들은 심지어 자동문을 사용하는 법을 깨우쳐서 주차장 안이나 목재소에 지은 둥지에 드나들기도 합니다.

적응해야 살아남는다

찰스 다윈(Charles Darwin)은 걸음마를 뗄 무렵부터 자연을 사랑했습니다. 집에 살 때도, 기숙 학교에 가서도, 대학에 가서도 자연에서 발견한 모든 걸 수집했어요. 나비, 조약돌, 조개, 돌, 굴, 벌레, 식물, 쥐, 그리고 가장 좋아하는 딱정벌레까지요. 다윈은 그것들을 분류하고 종의 차이를 관찰하고 기록했습니다. '이 새들은 같은 종인데 왜 부리가 다를까?' '이 딱정벌레는 등이 빛나는데 왜 저 딱정벌레는 탁힐까?' 궁금해했지요. 한번은 특이한 딱정벌레 세 마리를 발견한 다윈이 너무 흥분해서 한꺼번에 집으로 가져가려고 한 마리를 입에 물기도 했답니다. 여러분은 절대 따라 하지 마세요!

1831년 22세의 찰스 다윈은 영국 비글호 탐험대에 박물학자로 합류했습니다. 5년 동안 항해하면서 툭하면 뱃멀미를 했지만 일기장, 현장 수첩, 지질학 및 동식물 관찰 일지를 지니고 다니며 곤충, 파충류, 물고기, 새, 따개비, 알뿌리, 씨앗, 조개껍데기, 정글 생활 등 맞닥뜨린 모든 것을 꼼꼼하게 기록했습니다. 살면서 처음 본 커피나무와 처음 맛본 바나나에 관해서도 적었지요. 그러던 중에 다윈은 메가테리움의 화석을 발견합니다. 메가테리움은 공룡이 멸종된 후 수백만 년 동안 살았던 동물입니다. 머리와 뼈를 포함하고 있는 메가테리움의 화석을 살펴본 다윈은 고대 생물이 현대 생물과 연결되어 있다는 가설을 세웁니다.

1861년, 독일에서 다윈의 가설을 입증해 줄 '잃어버린 연결고리'가 발견됐습니다. 어떤 파충류 화석에서 이빨과 발톱, 긴 꼬리와 함께 깃털이 나온 거예요. 오늘날 시조새라고 불리는 이 동물의 화석은 어떻게 육상동물이 새로 진화했는지 보여 주는 최초의 증거였죠.

다윈은 태평양 갈라파고스 제도에서 진행한 연구로도 유명합니다. 이곳에서 5000개의 표본을 수집하고 거대한 거북, 이구아나, 방울새류를 관찰했습니다. 그중에서 방울새 14종은 부리의 모양과 사용법이 두드러지게 달랐습니다. 다윈은 그 부리들이 먹잇감에 맞춰 진화했다고 추측했어요. 그리고 30년 후에 획기적인 책 『종의 기원』을 펴냈습니다. 이 책은 동식물이 변화하는 환경 속에서 어떻게 생존 전략을 개발하고 번식하면서 세대를 거쳐 진화하는지 설명하고 있지요. 제가 본 제비들 또한 다윈이 관찰한 방울새들과 공

다윈은 환경에 적응한 종만이 살아남는다는 '적자생존' 진화론을 주장했습니다.

통점이 있었습니다. 환경에 가장 잘 적응해서 살아남았다는 것이죠.

콜로라도주에 사는 저는 덴버 공항을 자주 드나듭니다. 비행기를 탈 필요가 없는 새와 공항은 왠지 안 어울리지만, 공항 터미널 내부는 참새처럼 작은 새들에게 쾌적한 집이 됩니다. 덴버 공항 중앙 홀에 둥지를 틀고 사는 참새들은 공항을 떠날 생각이 없어 보였어요. 아마 이 새들은 공항이 지어질 때 그 안에 갇혔을 거예요. 지켜보자니 아주 대담하게 식당가를 돌아다니고 문가에서 부스러기가 떨어지길 기다리더군요. 인간은 참새를 내쫓지 않고 참새도 인간을 괴롭히지 않았습니다. 문득 참새들이 공항 밖으로 내쫓기게 되면 어떡하지, 하는 생각이 들었어요. 과연 그 참새들에게는 야생에서 생존할 수 있는 기술이나 본능이 남아 있을까요?

비행기 활주로 근처에 사는 새들은 큰 문제가 될 수 있습니다. 비행기에 심각한 손상을 입혀 추락 사고를 일으킬 수 있거든요. 2009년, 체슬리 설런버거 기장이 양쪽 엔진이 완전히 고장 난 비행기를 뉴욕 허드슨강에 불시착시킨 사건이 있었습니다. 다행히도 비행기에 탄 모두가 무사히 생존했지요. 원인은 캐나다기러기들이 빨려 들어가면서 양쪽 엔진이

고장 난 것으로 밝혀졌지요. 이런 이유로 활주로 주변에는 잔디를 아주 짧게 깎아 새들이 둥지를 틀지 못하게 하고 있습니다. 또 훈련받은 개들이 활주로 근처의 풀밭에서 새를 쫓아내기도 합니다.

새에게는 기본적으로 먹이, 물, 서식지, 알을 낳을 둥지가 필요합니다. 새는 연못, 호수, 강, 저수지를 포함한 물가를 매우 좋아해요. 저는 물웅덩이에서 목을 축이는 새들도 많이 봤답니다. 북미 교외 지역에서 흔히 볼 수 있는 오색방울새, 파랑어치, 개똥지빠귀, 벌새, 홍관조, 참새 등은 견과류, 씨앗, 과일, 꿀을 먹고 삽니다. 바닷가에 사는 물수리라는 커다란 새는 물속으로 뛰어들어 물고기를 낚아채죠. 먹이 사슬에 따라 왜가리는 개구리를, 뻐꾸기는 파충류를, 매는 다른 새들을, 올빼미는 설치류를 먹습니다. 독수리는 차에 치여 죽은 동물을 포함해 거의 모든 동물을 먹습니다.

어디서든 집을 찾는 비둘기

비둘기도 공항에 둥지를 트는 새입니다. 특히 주차장처럼 지붕이 덮인 구조물을 좋아해서 여행객들의 차 위에 똥을 싸곤 합니다. 저는 덴버 공항 주차장을 수없이 오가면서 낮과 밤에 비둘기들의 행동이 어떻게 다른지 살펴봤어요. 낮에는 한 줄로 늘어선 머리를 볼 수 있었고 밤에는 한 줄로 늘어선 꼬리를 볼 수 있었죠.

비둘기는 오랫동안 인간과 더불어 살아왔습니다. 원래는 유럽과 중동의 바위 해변에서 살아서 바위비둘기로 알려졌지요. 비둘기는 수천 년 동안 식용으로 쓰였어요. 북미에는 1600년대에 전파되었지만 이때 이미 비둘기는 도시에 적응해서 건물의 창문턱, 공원, 다리 아래에 집을 짓고 사는 새였습니다.

비둘기는 오직 한 짝과 짝짓기 하는 일부일처제 동물이고 부모가 함께 새끼를 기릅니다. 일단 어딘가에 둥지를 틀면 반복해서 사용하지요. 비둘기는 전 세계 대부분의 도시에서 볼 수 있고 사람처럼 정착하는 습성이 있습니다. 주로 거리의 찌꺼기를 먹고 살며, 사는 데 많은 물이 필요하지 않아요. 질병을 옮기고 건물과 차를 배설물로 더럽히기 때문에 '날개 달린 쥐'라고도 불리죠.

비둘기는 귀소 본능이 아주 뛰어나다고 알려져 있습니다. 2000킬로미터를 여행하고도 집을 찾아올 수 있다고 해요. 그래서 옛날에는 전쟁 중에 부대 사이에 명령을 전달하는

뉴욕 엠파이어 스테이트 빌딩에 앉아 있는 비둘기입니다.

전령으로 비둘기를 이용했습니다. 장거리 통신에 가장 효과
적인 수단이었거든요. 또 선장들은 비둘기를 배에 가뒀다가
풀어서 돌아오지 않으면 근처에 육지가 있다는 걸 아는 식
으로 활용했어요.

　제니퍼 애커먼은 『새들의 천재성』이라는 책에서 새의 지
능을 여러 가지로 설명합니다. 새들은 먼 길을 되돌아오고,
복잡한 소리를 흉내 냅니다. 수천 개의 씨앗을 숨겨 놓은 다
음 정확하게 찾아 먹고, 도구를 만들어 쓰기도 하죠. 또 새

들은 복잡한 사회를 이루고 살아요. 이는 인과 관계를 이해하고 서로 배울 수 있다는 것을 의미하죠. 그리고 당연하게도, 새는 날 수 있습니다. 애커먼은 새들이 어떻게 그 작은 두뇌로 이 모든 복잡한 일을 해내는지 알아내려고 조류학자들을 찾아갔습니다. 결국 뇌에서 뉴런(다른 신경 세포에 신호를 전달하는 신경 세포)의 위치가 뉴런의 양보다 중요하다는 것, 또 의사소통 능력을 담당하는 신경 회로의 종류도 매우 중요하다는 걸 배우죠.

애커먼은 새가 인간보다 길을 더 잘 찾는다고 말합니다. 어떤 과학자들에 따르면 새들은 지형지물을 기억하는 능력과 방향 감각을 결합한 '지도와 나침반' 전략을 구사합니다. 애커먼은 새들이 태양, 별, 자기장, 지형지물, 바람, 날씨 등 다양한 정보를 종합해 길을 찾는 것으로 보인다고 썼어요. 과학자들은 새들이 길을 찾는 비결을 알아내기 위해 새들의 이동 경로를 추적해 왔습니다. 심지어 어떤 과학자는 새의 몸에 작은 위치 추적기를 달아서 연구를 수행했죠. 다시 말해 우리는 새들이 어떻게 그렇게 하는지, 아직은 정확히 모릅니다. 하지만 정말 알아내고 싶어 하죠.

새를 사랑한다면 멀리서 지켜보기

조류학자 **플로렌스 메리엄 베일리**(Florence Merriam Bailey)가 살았던 1800년대 후반에는 새의 깃털로 장식한 모자가 유행했습니다. 심지어 박제한 새로 모자를 장식하는 경우도 있었지요. 베일리는 그 유행이 정말 싫었습니다. 그 유행 때문에 모자 업체들이 새를 엄청나게 죽이고 있었거든요. 어릴 때부터 새를 좋아했던 베일리에게는 충격적인 일이었죠. 마침 미국의 두 여성이 새를 사냥하고 거래하는 일을 막고자 전미 오듀본 협회를 결성하게 됩니다. 스미스대학에 다니고 있던 베일리는 곧바로 오듀본 협회의 지부를 조직했습니다. 협회 활동을 통해 친구들을 자연에 데려가 다양한 새들을 소개했지요. 새들이 얼마나 신비롭고 아름다운지 널리 알리면 사람들이 더는 모자 장식으로 이용하지 않으리라고 생각했거든요. 오듀본 협회는 새를 사냥해서 파는 행위와 주 경계를 넘어 유통하는 것을 금지하는 내용의 윅스매클레인법을 제정하는 데 큰 공을 세웠습니다.

베일리의 첫 책『오페라글라스로 본 새』는 조류학을 대중에 알린 책 중 하나입니다. 쌍안경과 비슷한 시기에 발명된 오페라글라스는 오페라를 관람할 때뿐 아니라 새를 관찰하기에도 좋았죠. 1902년에 펴낸 또 다른 책『미국 서부의 새들』은 자연 서식지에 사는 새들에 관해 묘사한 첫 번째 조류 도감입니다. 베일리는 새들이 어떻게 둥지를 틀고 새끼를 키우고 소리를 내는지에 관해 썼습니다. 훗날 베일리는 여성으로는 처음으로 미국 조류학자 연합에 이름을 올리게 됩니다. 조류학에 기여한 공로를 인정받은 것이지요.

제가 8살이던 무렵, 동생들과 함께 거실 창 너머로 개똥지빠귀 둥지를 지켜봤던 기억이 납니다. 둥지 안에는 작고 푸른 알이 3~4개 있었어요. 우리는 더 자세히 들여다보고 싶었지만 어머니는 새들을 방해하지 말라고 경고했어요. 포식자들이 가까이 있으면 어미가 돌아오지 않을 수도 있다면서요. 우리는 스스로가 포식자라고는 꿈에도 생각하지 않았지만, 어미를 겁줘서 새끼와 떨어뜨려 놓는 짓은 할 수 없었죠. 그 대신 하루에도 몇 번씩 거실 창문에서 둥지 안을 넌지시 건너다보곤 했습니다.

처음 2주 동안 어미는 알을 따뜻하게 품었어요. 가끔 둥지를 떠나더라도 몇 분 안에 돌아와 알을 품었죠. 마침내 부화한 새끼들은 마치 고대 생물처럼 보였어요. 깃털은 축축하게 젖어 있었고 몸에 비해 거대한 부리를 쩍쩍 벌려 댔죠. 어미가 작은 벌레나 열매를 물고 돌아오면 새끼들은 마치 우리 남매가 피자나 케이크를 더 많이 먹으려고 경쟁하는 것처럼 '조르기' 행위를 했습니다. 이때 제가 몰랐던 건 새끼들이 어미가 게워 낸(미리 씹은) 먹이를 먹는다는 거예요! 하긴, 우리 인간들도 아기를 먹이려고 음식을 잘게 으깨잖아요. 물론 씹어서 주지는 않지만요!

새들이 부화하고 약 12일 정도 지나자 몸집이 가장 큰 새끼가 둥지 가장자리에 앉더니 멀리 날아갔습니다! 반투명에 가까웠던 피부와 보송보송한 솜털이 어엿한 날개가 되어 있었죠. 다른 새끼들도 다음 날과 그다음 날에 뒤를 이었습니다. 저는 그 작은 새들이 과연 스스로 살아남을 수 있을지 몹시 걱정됐어요. 하지만 걷는 법을 배우기까지 1년이 걸리는 인간 아기와 달리 새끼 새는 태어난 지 1개월 만에 독립한답니다.

개똥지빠귀 가족이 모두 떠나자 어머니가 둥지를 집에 가져와도 된다고 허락했어요. 우리는 그 컵 모양 둥지를 뜯어내 보고 놀랐습니다! 창문 너머로 봤을 땐 나뭇가지들로만 이루어진 줄 알았는데, 자세히 보니 종잇조각, 깃털, 이끼, 신문지 더미를 묶을 때 쓰는 플라스틱 끈 조각 따위가 섞여 있었거든요. 이것들을 진흙으로 굳혔고 둥지 안에는 부드러운 풀을 깔아 두었죠. 냄새는 지독했어요! 그야 둥지 안에서 알도 낳고 똥도 쌌을 테니까요! 냄새를 맡아 보니 새끼들이 날 준비가 되면 영영 떠나는 것도 무리는 아니었어요.

새의 둥지는 인간의 집보다 종류가 다양합니다. 여러분은 자기 침으로 집을 짓는 게 상상이 가나요? 그게 바로 동남아시아 지역에서 금사연이 하는 일입니다. 짝짓기 기간에 수컷 금사연은 특별한 침을 분비해 동굴 윗벽에 둥지를 지어요.

아시아에 사는 재봉새는 이름에 걸맞게 바느질을 잘합니다. 잎에 구멍을 내고 거미줄 따위를 꿰어 잎을 둥지로 끌어당기죠. 아프리카 토종 새인 떼베짜는새는 나무 위에 올린 건초 더미처럼 보이는 거대한 공동 둥지를 지어서 단체로 모여 삽니다. 떼베짜는새의 둥지는 동물의 세계에서 가장 큰 둥지로 알려져 있어요. 떼베짜는새가 100쌍이나 머물 수 있는 둥지의 무게는 몇 톤에 달합니다. 북미의 가마새는 낙엽, 풀, 나무껍질, 그리고 동물의 털로 둥지를 짓는데, 그 모양이 마치 둥근 구멍이 있는 작은 피자 화덕처럼 생겼어요. 그런가 하면 어떤 새들은 둥지를 전혀 안 짓습니다. 예를 들어 킹펭귄은 수컷과 암컷이 교대로 알을 품고 먹이를 사냥해요.

많은 수컷 새가 구애 의식으로 둥지를 짓습니다. 암컷은 그 둥지가 마음에 들면 수컷과 짝짓기를 하죠. 둥지는 짝을 유혹할 뿐만 아니라 천적으로부터 알을 보호하는 역할도 합니다. 암컷 큰코뿔새는 새끼를 보호하려고 엄청난 노력을 기울여요. 나무 구멍 안에 숨은 다음 진흙으로 입구를 막고 알을 품는 거예요. 그 둥지에는 바깥과 연결된 통로 없이 아주 작은 구멍만 남지요. 수컷은 그 작은 구멍으로 먹이를 물어다 준다고 해요. 한번은 제가 사는 콜로라도주에서 송전탑에 있는 독수리 둥지를 관찰한 적 있어요. 그 새들은 영리하게

아프리카 토종 새 떼베짜는새의 거대한 둥지는 놀라운 공동 작업물입니다.

도 탑의 가로대 위에 납작한 삼각형 구조물을 지었어요. 인간이 감히 건드리지 못할 테니 꽤 안전한 보금자리겠죠.

새도 생각할까?

아이린 페퍼버그(Irene Pepperberg)는 4살 때 아버지에게 앵무새 한 마리를 선물로 받았습니다. 평생 새를 사랑하게 된 시작점이었죠. 아이린은 어린 시절 동화 『닥터 두리틀』을 읽고 큰 감동을 받았다고 해요. 주인공 두리틀 박사는 인간보다 동물을 치료하는 걸 좋아하는 인물이에요. 아이린은 또래 아이들과 어울리기보다는 앵무새와 더 가깝게 지냈던 내성적인 소녀였기에 큰 울림을 받았죠. 아이린은 앵무새에게 말하는 법을 가르쳤고 자신을 따라 하게 했어요. 아이린이 고등학교에 다니던 어느 날이었어요. 화학 시간에 새 한 마리가 실험실로 날아들어 선생님과 학생들 모두 기겁했어요. 화학 실험 도구인 분젠 버너가 켜져 있었기 때문에 위험한 상황이었죠. 아이린은 침착하게 대처했어요. 우선 모두에게 버너를 끄고 진정하라고 지시했어요. 그런 다음 그릇에 물을 따라 새에게 마시게 한 뒤 다시 창밖으로 날려 보냈답니다.

아이린은 원래 화학을 전공하려고 했지만, 새를 너무 좋아하다 보니 동물의 인지 능력을 연구하는 학문인 동물인지학에 빠지게 되었습니다. 비인간 동물들이 생각을 할 수 있는지에 관해서는 과학자마다 의견이 다르답니다. 일부 과학자는 오직 인간만이 복잡한 사고를 할 수 있다고 생각해요. 반면에 침팬지와 돌고래처럼 지능이 높다고 알려진 일부 동물들 또한 생각할 수 있다고 여기는 과학자들도 있지요. 한편 새가 복잡한 사고를 할 수 있다고 믿는 과학자는 매우 드물었습니다.

1977년, 아이린은 새가 생각을 할 수 있는지 알아보기 위해 아프리카 회색앵무를 한 마리 샀습니다. 이름은 알렉스라고 지었지요. 알렉스는 50가지 물체를 식별하고 150개 단어를 말할 수 있었어요. 물론 많은 앵무새가 '말'을 할 수 있습니다. 하지만 그저 인간의 목소리를 흉내 낼 뿐이고 그 뜻을 이해하지는 못하지요. 그러나 알렉스는 달랐어요. 크고 작은 것, 같은 것과 다른 것에 대한 개념을 이해하는 듯 보였죠. 알렉스에게 쟁반 위에 빨간 블록이 몇 개나 있는지 물어보면 알렉스는 그 쟁반에 다른 색깔과 모양의 물체가 있더라도 정확하게 대답했습니다. 알렉스는 "미안해." "견과류 먹고 싶어." "(새장으로) 돌아갈래." 같은 말로 욕구를 표현할 줄도 알았습니다. 알렉스가 단지 '발성'한 것인지 아니면 뜻을 알고 말한 것인지에 대해서는 아직도 과학자들의 의견이 분분합니다. 하지만 어느 쪽이든 알렉스는 우리가 새를 좀 더 이해할 수 있게 해 줬어요. 알렉스는 31살, 아직 이른 나이에 세상을 떠날 때(아프리카 회색앵무는 감금 상태로 60년까지 살 수 있어요.) 아이린에게 마지막으로 이렇게 말했습니다. "잘 지내, 사랑해."

알렉스를 관찰하는 아이린 페퍼버그.

새를 관찰하는 법

저는 거의 매일 아침 5시에 창밖에서 아름답게 지저귀는 새소리에 잠에서 깹니다. 새들이 왜 아침에 더 많이 노래하는지 과학적으로 정확히 밝혀진 바는 없습니다. 다만, 수컷이 암컷에게 자신의 건강과 우월함을 뽐내는 행위라는 가설이 있습니다. 또 아침에 다른 새나 천적을 쫓아 영역을 지키기 위한 행위일 수도 있고요. 모든 새가 노래하듯 지저귀지는 않습니다. 단순히 우는 새도 있지요. 우는 소리는 본능적이지만 지저귀는 소리는 인간이 언어를 배우는 것과 비슷하게 학습됩니다. 새끼 새들은 다 큰 새들을 모방하며 지저귀는 법을 배웁니다.

여러분도 새에게 '말'을 걸 수 있습니다. 새소리를 흉내내거나 휘파람을 불어 보세요. 고운 소리로 우는 새인 명금류나 찌르레기 등은 소리를 흉내 낼 줄 압니다. 여러분의 소리를 흉내 내며 응답할지도 몰라요. 휘파람을 잘 못 분다면 풀피리를 부는 방법도 있습니다. 가능한 한 넓적한 풀잎을 찾아보세요. 풀잎을 양손으로 팽팽하게 잡은 다음, 입에 대고 불면 소리가 날 거예요.

만약 숲에서 새를 찾고 싶다면, 흰색이나 밝은색 옷은 피하세요. 다른 동물들과 달리 새는 모든 색을 볼 수 있거든요. (흥미로운 사실을 하나 밝히자면, 개와 말은 빨간색을 볼 수 없답니다.) 새들을 겁주고 싶지 않다면 최대한 몸을 숨기거나 멀리 떨어지는 게 좋습니다. 저는 언젠가 하이킹을 하다가 뭔가 이상한 느낌을 받았어요. 그 순간 나무 한 그루가 앞으로 걸어 나와서 놀라 까무러칠 뻔했죠. 알고 보니 그 정체는 나무로 위장한 조류 관찰자였답니다.

새를 관찰할 때는 새가 놀라 달아나지 않도록 아주 가만히 있어야 해요. 그러면 흥미로운 단계가 시작되죠. 새를 식별하려면 다음 4가지를 살펴봐야 합니다.

- 크기 및 형태
- 깃털 색
- 습성
- 서식지

여러분이 발견한 새는 크기가 조그만가요, 보통인가요, 거대한가요? 다리가 길고 가는가요? 몸이 날렵한가요, 통통한가요? 부리는 어떤 모양인가요? 깃털은 무슨 색인가요? 만약 노란색이라면 전체가 노란가요, 일부만 노란가요? 줄무늬나 반점이 있나요? 벼슬이나 꼬리의 색이 다른가요? 마지막으로, 그 새의 서식지와 습성이 눈에 띄나요? 어떤 둥지에 사나요? 숲에 사나요, 바닷가에 사나요? 지저귀나요? 그렇다면 어떻게 지저귀나요? 짹짹? 깍깍? 구구? 코넬 조류 연구소가 만든 멀린 버드 아이디(Merlin Bird ID)와 같이 요즘에는 새소리로 새를 식별하는 데 도움을 주는 무료 앱들이 있으니 도움을 받아 보세요. 혹은 수백 년 동안 이용된 전통의 방식인 조류 도감을 참고해도 좋겠습니다.

앞서 플로렌스 메리엄 베일리가 자연에서 만난 새의 모습을 그림으로 그려 도감 형식으로 엮어 내면서 대중에게 조류학을 알렸다고 이야기했습니다. 새를 관찰하는 취미를 예술과 학문으로 발전시킨 사람을 몇 명 더 소개해 볼게요.

1785년에 태어난 **존 제임스 오듀본**(John James Audubon)은 어릴 때부터 새와 새알을 즐겨 그렸습니다. (베일리가 참여했던 오듀본 협회가 그의 이름을 빌렸지요.) 그는 미국에서 처음으로 조류 표지법 연구를 수행한 인물이기도 해요. 작은 회색 새인 동부딱새들의 발에 끈을 달아 날려 보낸 다음, 그 새들이 매년 같은 보금자리로 돌아온다는 사실을 확인했죠. 오듀본은 35세 때, 미국의 모든 새를 그리겠다고 다짐합니다. 하지만 미국에서 그의 그림을 팔 수 없게 되자 영

제임스 오듀본은 1832년 플로리다주 남동쪽 해안에서 처음으로 홍학을 목격했습니다. 이 그림은 그의 화집 속 도판 431번입니다.

국 런던으로 건너갑니다. 그의 그림은 영국에서 많은 찬사를 받았고, 한 출판사는 그의 그림을 담은 거대한 책을 펴냈습니다. 새 489종이 실물 크기와 색으로 그려진 이 아름다운 화집은 오늘날 120권의 완전판이 존재합니다. 대부분 도서관과 박물관에 보관돼 있지만 2000년에 1권이 경매에 나왔어요. 그 당시 기준으로 책으로는 최고가인 880만 달러에 낙찰되었습니다.

로저 토리 피터슨(Roger Tory Peterson)은 조류학자이자 오늘날 우리가 생각하는 환경주의 또는 환경 운동에 영감을 불어넣은 인물로 꼽힙니다. 어린 시절 그는 두 학년을 월반할 정도로 우수한 학생이었어요. 하지만 나이 많은 동급생들은 자연에 푹 빠진 피터슨을 '미친 피터슨 교수'라고 부르며 놀렸습니다. 훗날 피터슨이 그 열정과 재능을 살려 조류학 역사에 한 획을 그을 줄은 몰랐을 거예요. 피터슨에게는 새를 아주 잘 그리는 재능도 있었습니다. 17살에 그린 그림 두 점이 조류 전시회에 걸리기도 했어요. 그는 1934년에 조류 도감을 펴냈는데, 이 책은 오늘날까지도 조류 관찰에 이용되고 있습니다. 최초의 현대식 조류 도감이자 조류 관찰을 대중화하는 데 큰 역할을 한 책으로 평가받고 있지요. 이 책의 가장 큰 장점은 야외에서 들고 다니며 볼 수 있도록 한 손에 잡히는 크기로 만들어졌다는 것입니다. 게다가 그는 도감의 구성 방식을 새롭게 바꿨어요. 새들을 같은 과로 분류하는 대신 비슷한 특징에 따라 분류하고 작은 검은 화살표로 공통점을 연결했죠. 이 방식은 새를 식별하고 탐구하는 데 아주 유용했습니다.

좀 더 최근의 인물 중에는 **데이비드 앨런 시블리**(David Allen Sibley)가 오듀본과 피터슨의 업적을 이어 나가고 있습니다. 시블리는 7살 때부터 새를 그렸습니다. 얼마 지나지 않아 새 발에 인식표를 다는 법을 배우고 조류를 가까이서 관찰하고 다뤘지요. 예일대학교에 소속된 조류학자였던 아버지 덕분에 시블리는 새의 생태에 관한 모든 것을 보고 배울 수 있었습니다. 그는 과학자보다 예술가 쪽 기질이 강했기에 그림을 통해 아버지의 세계를 받아들였어요. 성인이 된 시블리는 손수 그리고 쓴 북미 조류 도감 『시블리 새 안내서』를 펴내 큰 성공을 거둡니다. 새들의 서식지와 습성을 묘사했을 뿐 아니라 비행하는 모습까지 담아내서 조류 도감의 역사를 새로 썼죠.

혹시 여러분도 탐조 활동을 해 보고 싶나요? 조류 관찰자가 되고 싶다면 밖에 나가기만 하면 됩니다. 눈보다 중요한 도구는 없고, 새는 어디에나 있으니까요. 하지만 새를 발견하는 건 시작에 불과해요. 새를 좀 더 진지하게 관찰하고 싶다면 고려할 사항들이 있습니다. 우선, 새들이 주로 어디에 모여 있는지 살펴보세요. 제비는 처마를 좋아하고 비둘기는 주차장을 좋아합니다. 아파트 앞에 작은 마당이나 나무가 있다면 새 모이통이나 물그릇을 설치해서 새들을 초대할 수도 있어요. 새들을 위한 다과 파티라고 할 수 있죠. 간식을 제공하면 더 많은 종을 볼 수 있을 거예요.

집 근처를 벗어나 공원, 들판, 숲, 다른 지역으로 떠나 보는 것도 좋아요. 새들은 북극권, 바닷가, 사막을 포함해 세상 모든 지역에 삽니다. 조류 관찰자들은 매년 새 종 많이 찾기 경쟁을 벌이기도 해요. 아르잔 드왈슈이스는 1년 동안 새 약

1만 종 가운데 6852종을 찾아서 세계 신기록을 세웠습니다. 정말 대단하죠.

저는 창밖의 새소리를 듣는 걸 좋아합니다. 전깃줄에 일렬로 앉아서 먹이가 있는지 들판을 살피는 황조롱이들을 지켜보는 것도, 이 나뭇가지에서 저 나뭇가지로 우아한 호를 그리며 날아가는 개똥지빠귀나 파랑아치를 구경하는 것도 좋아해요. 이제 1년에 몇 번씩 비행기를 타다 보니 어린 시절과 달리 이륙하는 느낌을 꽤 즐기게 됐습니다. 하지만 새처럼 날아오르는 것이 어떤 느낌인지는 여전히 궁금합니다.

밤하늘

그날 저는 저녁 식사 내내 안절부절못했어요. 식사를 빨리 끝내고 집 건너편 들판으로 달려가고 싶었거든요. 그곳에서는 이미 다른 아이들과 이웃들이 모여서 밤하늘을 올려다보고 있었어요. 이날 일몰 직후에 지구 궤도를 도는 유명한 러시아 위성을 볼 수 있다는 이야기가 있었거든요. 하늘에 밝은 빛이 나타났을 때 우리는 모두 벌떡 일어섰습니다. 하지만 곧 그 정체가 비행기였다는 걸 알고 김이 샜어요. 그런 일이 몇 번이나 반복됐어요. 흥분으로 들썩였다가 "아니야!" 하고 실망했죠.

제가 10살 때, 소련(현재 러시아 지역 대부분을 포함하는 연방 공화국으로 1991년에 해체됨.)은 인류 최초로 지구 궤도를 도는 인공위성을 쏘아 올렸어요. 러시아어로 '길동무'라는 뜻의 스푸트니크였죠. 대단한 사건이었어요. 스푸트니크는 비치 볼 크기에 무게는 83.6킬로그램이었고, 지구 궤도를 1번 도는데 98분이 걸렸습니다.(궤도를 돈다는 것은 행성의 둘레를 한 바퀴 돈다는 뜻이에요.) 스푸트니크는 반사율이 높아서 쌍안경으로 관측이 가능했어요. 심지어 맨눈으로도 볼 수 있었지요. 지나가는 위성을 어렴풋이라도 보려고 미국 전역에서 옥상 파티가 열렸답니다. 스푸트니크는 유성, 대기, 전파 신호에 관한 정보를 얻을 목적으로 만들어졌습니다. 하지만 더 중요한 의미는 따로 있었죠. 스푸트니크는 공식적으로 우주 시대를 개막함으로써 미국과 소련이라는 두 강대국 사이에 벌어지는 우주 경쟁에 불을 지폈어요. 소련이 지구 궤도에 첫 위성을 쏘아 올리며 먼저 승기를 잡았죠. 이미 육지와 바다, 하늘을 정복한 인류에게 우주는 마지막으로 남은 개척지였습니다.

밤하늘을 바라보며 꾸는 꿈

스푸트니크가 발사된 지 1년 후인 1958년, 미국 의회가 국가 항공우주법을 통과시켜 미국 항공 우주국 NASA가 설

립됩니다. 그들에게는 한 가지 목표가 있었어요. 바로 인간을 달에 보내는 것이었죠. 보통 NASA 하면 흰 우주복과 헬멧을 착용한 우주 비행사를 많이들 떠올립니다. 하지만 그 용감한 사람들 뒤에는 과학자, 엔지니어, 천체물리학자, 정보 기술자, 데이터 시스템 전문가, 행성 연구가 등 수많은 사람이 협력해 일하고 있습니다. 여러분도 NASA에 입사할 수 있습니다. 아마도 STEM(과학, 기술, 공학, 수학) 분야 경력이 필요하겠지만요.

"저는 뭐든 셌어요. 계단 수, 교회 가는 발걸음 수, 설거지하는 식기 수…… 셀 수 있는 건 뭐든 셌죠." 미국의 수학자 **캐서린 존슨**(Katherine Johnson)은 어릴 때부터 수학에 뛰어났어요. 하지만 존슨은 1920년대 웨스트버지니아주에서 태어난 흑인이었습니다. 이 말은 정규 교육을 받을 수 없다는 뜻이었죠. 존슨의 부모는 똑똑한 딸을 받아 줄 학교를 찾아 190킬로미터나 떨어진 지역으로 이사했습니다. 존슨은 14살에 고등학교를 졸업했고 18살에는 대학에 개설된 수학 강의를 모두 듣고 최우수 성적으로 졸업했지요. 그 당시 대학에서 흑인, 그것도 여성의 입학을 허용하는 일은 극히 드물었는데 존슨은 대학원까지 진학했어요. 유일한 여성 흑인 대학원생이었죠. 하지만 이런 놀라운 성취에도 흑인 여성에게 열려 있는 유일한 수학 관련 직업은 교사뿐이었습니다. 존슨도 그 길을 택했죠. 그러다 인생을 바꿀 기회를 잡으면서 역사의 흐름까지 바꾸게 됩니다.

NASA의 랭글리 연구소는 2차 세계대전 중에 처음으로 여성들에게 문을 열었습니다. 당시 남성 대다수가 해외로 파병돼서 미국 내에 노동력이 부족해졌거든요. 우주 경쟁이 임박하면서 랭글리 연구소에는 자격을 갖춘 노동자가 최대한 많이 필요했습니다. 존슨은 그 기회에 달려들었습니다. '인간 컴퓨터'라고 불리는 말단직에 취직한 거예요. 디지털 컴퓨터가 발명되기 전에는 사람이 복잡한 계산을 수행해야 했습니다. 존슨과 동료 수학자들은 계산자와 연필을 이용해 거리를 계산하는 일을 했습니다. 계산자는 곱셈과 제곱근 계산을 돕는 자처럼 생긴 도구예요.

존슨이 랭글리 연구소에 합류했던 때는 여전히 미국 남부에서 인종 분리 정책이 이뤄지던 시기입니다. 흑인은 백인과 같은 시설이나 화장실을 이용할 수 없는 등 시민으로서 백인과 동등한 권리를 누리지 못했죠. 흑인 여성을 향한 차별은 더더욱 심했지만 존슨은 뛰어난 능력을 인정받아 항공 우주 기술자로 승진했고, 나아가 특별 대책반에 선발되어 미국 최초의 유인 우주 비행 프로젝트를 성공으로 이끌었습니다. 우주 비행사 존 글렌은 디지털 컴퓨터보다 존슨의 계산 실력을 신뢰해서 이런 유명한 말을 남겼죠. "존슨이 확인하면 출발하겠습니다."

모두가 비행사들을 우주에 보내는 데 집중할 때 존슨은 그들을 지구에 데려오는 일에 신경 썼습니다. 만약 비행 궤도가 너무 가파르면 우주선이 불길에 휩싸일 테고 너무 완만하면 우주선이 대기권을 벗어나 우주를 표류하게 될 것이기에 존슨은 적절한 비행 궤도를 계산하기 위해 노력했습니다. 다행히 존 글렌은 무사히 집에 돌아왔습니다. 존슨의 계산이 맞아떨어진 것이죠.

그러나 존슨과 동료 여성 수학자들의 이야기는 거의 잊혔습니다. 훗날 마고 리 셰털리의 책 『히든 피겨스』가 출간되고 동명의 영화가

랭글리 연구소의 책상에 앉아 있는 NASA의 수학자 캐서린 존슨. 그는 뛰어난 계산으로 인간을 우주와 달에 보내는 데 공헌했습니다.

인기를 얻게 되자 비로소 세상에 널리 알려졌지요. 이 책과 영화가 없었다면 저는 캐서린 존슨에 관해 끝내 몰랐을 거예요. 존슨은 우주 개발에 이바지한 공로로 97세에 버락 오바마 대통령으로부터 대통령 자유 훈장을 받았습니다. 이런 이야기들이 누락된 역사는 결코 완전할 수 없습니다.

우주를 향한 도약

스푸트니크가 발사된 지 12년 후, 미국은 달에 3명의 사람을 보내는 짜릿한 쾌거를 이루어 냅니다. 마이클 콜린스가 달 궤도를 도는 콜롬비아 사령선에 머무는 동안 닐 암스트롱과 버즈 올드린은 달 표면을 걸었죠. 암스트롱이 달 표면에 첫발을 내디디고 한 말은 너무나 유명합니다. "인간에게는 작은 한 걸음이지만 인류에게는 위대한 도약이다." 그당시에 저는 한 연구소에서 인턴으로 일하고 있었어요. 동료들과 함께 텔레비전 주위에 모여 흐릿한 흑백 영상을 지켜봤습니다. 전 세계에서 6억 명이 닐 암스트롱이 달에 미국 국기를 꽂는 장면을 시청했죠. 정말 놀라웠어요. 그날 밤집에 돌아온 저는 밖으로 나가 달을 올려다보며 말했어요. "저 위에 사람들이 걸어 다니고 있다니!"

달에서 우주 비행사들은 굳은 용암으로 덮인 산, 분화구, 평평한 지표면을 발견했습니다. 달은 지구 궤도를 한 바퀴 도는 데 27.3일이 걸리고 스스로 빛을 내지 않습니다. 우리가 달을 볼 수 있는 건 달이 태양 빛을 반사하기 때문이에요. 지구가 달과 태양 사이에 있을 때 우리는 보름달을 볼 수 있습니다. 지구 주위를 도는 달의 위치에 따라 달 표면이 많거나 적게 보이지요. 흔히 이러한 변화에 대해 달이 차고 기운다고 표현하죠.

1968년 아폴로 8호의 우주 비행사 윌리엄 앤더스가 달에서 본 '지구돋이'입니다.

인간을 달에 보내는 위업을 이루기 위해서는 엄청난 혁신과 헌신이 필요했습니다. 새로운 기술 개발도 필요했지요. 로켓이 타 버리지 않고 대기권으로 재진입할 수 있게 하는 열 차단막과 같은 것들을 만들어야 했어요. 그래야 우주선을 궤도로 발사하고 안전하게 귀환시킬 수 있을 테니까

달의 위상입니다.
순서대로 삭, 초승달, 상현, 상현망, 망(보름달), 하현망, 하현, 그믐달입니다.

요. 또 우주 비행사들에게 음식과 공기, 그리고 무엇보다 화장실을 어떻게 제공할지 알아내야 했죠. 달 착륙선 이글은 가변 추력이라는 중요한 신기술 덕분에 달에 착륙할 수 있었습니다. 추력은 항공기를 공중에 띄우는 힘이에요. 가변 추력은 로켓의 속도를 바꾼다는 뜻이죠. 자동차의 브레이크와 같은 역할을 해서 우주선이 속도를 늦추게 하는 것이지요. 이 신기술이 없었다면 착륙선은 달 표면에 착륙하지 못하고 우주를 둥둥 떠다녔을 거예요.

우주 비행사들이 입는 우주복도 새로운 기술적 과제였습니다. NASA는 우주복을 설계할 최고의 엔지니어링 업체를 찾으려고 공모를 열었어요. 조건은 극한의 온도와 환경에서 우주 비행사를 보호하고 산소를 공급하며 내부 온도, 공기, 압력을 조절하는 장치를 갖추는 것이었습니다. 활동성도 중요했습니다. 우주 비행사들이 선실 주위를 이동하고, 조절 장치를 작동하고, 달에 착륙해서 걸을 수 있어야 하니까요.

공모에서 당선된 업체는 정말 예상 밖이었습니다. 선도적인 엔지니어링 업체가 아닌 고급 여성 속옷을 만드는 업체인 플레이텍스였거든요. 전문 재봉사들이 브래지어와 거들에 쓰이는 라텍스 같은 유연한 소재를 사용하여 모든 우주복을 손으로 꿰맸답니다!

우주 개발 과정에서 이루어진 또 하나의 위대한 혁신은 컴퓨터 칩이었습니다. 아폴로 11호에 탑재된 컴퓨터는 오늘날 우리가 사용하는 노트북과 휴대폰의 조상입니다. 무게가 32킬로그램 정도로, 요즘 기준으로는 무척 크지요. 하지만 당시에 데이터 저장에 사용된 컴퓨터들이 냉장고만 한 대형 컴퓨터였던 것과 비교하면 상당히 작았습니다. 달 착륙선에 실린 컴퓨터의 연산 능력은 애플에서 내놓은 첫 번째 컴퓨터와 비슷한 수준이었어요. 아주 기본적이어서 다기능 수동 계산기의 성능이 더 좋을 정도였죠. 그 컴퓨터가 달 착륙 때 오작동을 일으켰다는 이야기는 정말 아찔합니다. 컴퓨터 화면이 10초 동안 까맣게 변했다고 해요. 10초면 짧은 시간 같지만 달에서는 생사를 가르는 문제가 될 수 있지요. 우주비행사들은 컴퓨터의 메모리 부하를 줄이기 위해 달 궤도를 도는 우주선과 자신들을 연결하는 안테나를 껐습니다. 위기에 처한 임무를 구한 것은 항행 데이터를 자동으로 저장하고, 컴퓨터를 재부팅하는 프로그램이었어요.

우주선이 비행하는 동안 컴퓨터를 재부팅하는 방법을 알아낸 사람이 매사추세츠공과대학교의 컴퓨터과학자 할 라닝이라는 사실은 그다지 잘 알려져 있지 않습니다. 그의 방정식은 아폴로 11호를 제어한 아폴로 가이던스 컴퓨터의 기초였죠. 라닝은 "다른 사람들이 훨씬 많은 일을 했어요. 저는 그저 기본 개념, 기본 방정식을 제시했을 뿐입니다." 라고 말했지만, 그가 없었다면 달 착륙은 실패했을지도 모릅니다. 작가 스티븐 위트는 잡지 『와이어드』에 이렇게 썼습니다. "영광을 차지한 것은 닐 암스트롱과 버즈 올드린이지만, 현대 세계의 청사진은 착륙선에 탑재된 금속 상자에 담겨 있었다."

밤하늘을 제대로 바라보기

오늘날 별 보기는 예전만큼 쉽지 않습니다. 가장 큰 이유는 빛 공해입니다. 흔히 환경 오염 하면 수질 오염이나 대기 오염을 떠올립니다. 우리가 마시고 숨 쉬는 것에 직접적인 영향을 끼치는 오염이기 때문이지요. 그러나 빛 공해 또

한 오랫동안 도시와 교외의 밤하늘을 가려 왔습니다. 60년 전, 제가 매사추세츠주 교외에 살 때만 해도 맨눈으로 항성과 행성들을 볼 수 있었어요. 할아버지가 여러 별자리를 손으로 가리키며 보여 주셨죠. 국자 모양 북두칠성의 끄트머리에 해당하는 가장 밝은 별에서 직선을 쭉 그으면 북극성이 나온다는 사실도 그때 배웠어요. 북극성은 수백 년 동안 뱃사람들과 여행자들을 인도한 길잡이 별이지요.

애리조나주에 있는 이모네 목장에서 밤하늘을 올려다보면 마치 검은 벨벳 담요에 별을 가득 수놓은 것 같았어요. 모든 별이 눈부시게 빛났죠. 저는 그 아름다움에 매료되어 우주가 얼마나 큰지 상상하곤 했어요. 때때로 우리가 얼마나 작은 존재인지 떠올려 보는 것도 유익하답니다.

밤하늘은 아주 오래전부터 인류에게 중요한 길 찾기 수단이었습니다. 매년 특정 시기에 특정 위치에 별이 뜬다는 걸 알면 그 별을 보고 방향을 잡을 수 있거든요. 고대 문명들은 밤하늘에 주기적으로 나타나는 별들을 저마다의 방식으로 해석했습니다. 별자리를 보고 미래를 점치거나 신화를 만들어 냈고, 계절을 파악해서 가장 알맞은 시기에 작물을 심고 수확할 수 있었어요. 또 대부분의 문명은 달이 차고 기우는 주기를 기준으로 달력을 만들었습니다.

미국에서 빛 공해가 가장 심한 지역을 보여 주는 합성 이미지입니다.

1608년, 네덜란드의 안경 제조업자가 천문학의 흐름을 바꿀 무언가를 만듭니다. 한스 리퍼시가 발명해 특허를 받은 망원경이죠. 망원경 덕분에 우리는 처음으로 밤하늘을 자세히 들여다보며 우주와 그 안에 있는 우리의 위치를 더 잘 이해할 수 있게 되었습니다. 그리고 1년 후인 1609년, 이탈리아의 천문학자 갈릴레오 갈릴레이가 망원경의 성능을 개선해 목성 주위를 도는 4개의 위성을 발견했어요. 이로써 적어도 지구가 우주의 중심이 아니라는 사실이 확실해졌죠.

이때만 해도 사람들은 모든 천체가 지구 주위를 돈다고 믿었습니다. 갈릴레이의 관측은 이미 60년 전에 수학자이자 천문학자인 니콜라우스 코페르니쿠스가 제시한 태양 중심설을 증명했어요. 지구가 태양 주위를 공전한다는 이론이죠. 하지만 코페르니쿠스는 자신의 주장이 받아들여지지 않을까 봐 죽을 때까지 연구 결과를 발표하지 않았어요. 17세기에 지구가 태양 주위를 돈다고 주장하면 감옥에 갈 수도 있었거든요. 그게 바로 갈릴레이에게 일어난 일이에요. 지구가 우주의 중심이라고 믿었던 가톨릭교회는 갈릴레이를 이단자로 선포했어요. 가톨릭교회의 뜻을 거스르는 사람은 누구나 이단자가 되는 시절이었죠.

우리가 천체를 더 잘 이해하게 되는 데 큰 공헌을 한 또한 사람은 17세기 독일 천문학자 요하네스 케플러입니다. 케플러는 행성 운동 법칙을 발표했어요. 행성들이 3가지 운동 법칙에 따라 태양 주위를 완벽한 원형이 아닌 타원형으로 돈다는 주장이었지요. 케플러의 발견 덕분에 우리는 태양의 영향으로 행성들이 어떻게 움직이는지 더 정확하게 이해할 수 있었습니다.

1687년, 과학계의 또 다른 거장 아이작 뉴턴이 코페르니

쿠스와 갈릴레이, 케플러의 업적을 바탕으로 만유인력의 법칙을 발표했습니다. 참고로 이 법칙은 케플러의 행성 운동 법칙을 증명할 뿐 아니라 달이 지구로 떨어지지 않는 이유도 설명합니다.

보이지 않는 것을 보는 사람

1997년이었습니다. 저는 25번 주간 고속도로를 타고 덴버 공항에서 집으로 운전해 가다가 하늘에서 빛 꼬리를 내뿜는 거대한 공 같은 물체를 봤어요. 차창 너머로 보니 정지된 것처럼 보였어요. 집에 다 와서 자세히 보려고 차에서 내렸더니 아쉽게도 가로등 불빛이 시야를 가렸어요. 빛 공해가 없는 깜깜한 고속도로 구간에서만 잘 보였던 거예요. 나중에 알고 보니 그것은 헤일 밥 혜성이었습니다. 본체의 폭이 25~42킬로미터인 상당한 크기의 혜성이었죠. 대부분의 혜성의 폭이 10킬로미터 미만인 것과 비교하면 꽤 큰 편이지요.

혜성은 주로 얼음과 약간의 암석으로 이루어져 있어서 '더러운 눈덩이'라고도 불립니다. 가장 유명한 혜성은 천문학자 에드먼드 핼리의 이름을 딴 핼리 혜성입니다. 에드먼

76년마다 지구를 찾아오는 핼리 혜성입니다. 2061년에 다시 볼 수 있을 거예요! 그때 여러분은 몇 살인가요?

드 핼리는 뉴턴의 만유인력의 법칙에 따라 그 혜성의 궤도 진로가 76년마다 지구에 가까워질 거라고 계산했어요. 그전 까지는 혜성이 일회성으로만 나타난다고 여겼죠. 실제로 혜 성이 돌아왔을 때 핼리는 이미 이 세상 사람이 아니었지만, 그의 계산이 옳았으며 적어도 몇몇 혜성이 태양 주위를 돈 다는 것이 증명됐습니다. 핼리 혜성은 1986년에 마지막으 로 나타났으니까 2061년에 다시 볼 수 있을 거예요. 오늘날 까지도 새로운 혜성은 계속해서 발견되고 있습니다. 그러니 여러분에게도 아직 기회가 있지요. 만약 여러분이 혜성을 발견해 국제 천문학 연맹의 승인을 받는다면 그 혜성의 이름은 여러분의 이름을 따서 지어질 거예요.

여러분도 허블 우주 망원경에 대해 들어봤겠죠? 혹시 그 이름의 유래가 된 사람에 대해서도 알고 있나요? 미국 과학자 에드윈 허블은 우주가 떠돌이별들과 가스 구름뿐 아니라 은하들로 가득 차 있다는 것을 발견한 인물입니다. 그의 발견 덕분에 우주를 바라보는 인류의 시각이 바뀌었죠. 그의 이름을 딴 망원경은 대기권 밖에서 지구를 공전하면서 우리에게 더 먼 우주를 보여 줬습니다.

허블 망원경으로 북두칠성 근처의 어둡고 텅 빈 하늘을 관측하자고 제안한 사람은 당시 우주 망원경 과학 연구소의 소장이었던 로버트 윌리엄스입니다. 왜 아무것도 없어 보이는 빈 곳을 관측하느라 시간을 낭비하느냐고 사람들이 묻자 로버트는 이렇게 대답했죠. "위대한 발견을 위해서는 모험을 감수해야 합니다." 그렇게 그는 텅 빈 허공에 망원경의 초점을 맞추고 100시간 동안 촬영했어요. 그렇게 출력된 이미지는 수천 개 은하를 분명히 보여 주었고, 그 구역은 허블 딥 필드로 알려지게 되었습니다.

허블 망원경이 수집한 데이터는 70만 건이 넘는 과학 논

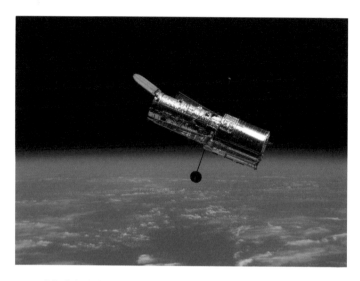

2009년에 다섯 번째이자 마지막 임무를 수행하는 허블 우주 망원경의 모습.

문으로 이어졌고 우주의 나이가 몇 년인지, 별이 어떻게 형성되고 소멸하는지, 은하가 어떻게 존재하는지를 이해하는 데 도움을 주었습니다. 그리고 최근에 미국에서 허블 망원경의 능력을 훨씬 뛰어넘는 망원경이 개발됐어요. 새로 개발된 제임스 웹 우주 망원경은 적외선을 더 잘 탐지할 수 있습니다. 최초의 별과 은하의 형성 더 먼 과거에 대한 연구에 유용하지요. 그리고 지구 주위를 도는 허블 망원경과 달리 세임스 웹 망원경은 지구에서 150만 킬로미터나 떨어진 태양 주위를 돕니다.

우주의 시작에 관한 생각

스티븐 호킹(Stephen Hawking)은 전생을 믿지 않았지만 자신이 갈릴레오 갈릴레이가 죽은 지 딱 300년이 되는 날 태어났다는 사실을 좋아했습니다. 그는 타고난 과학자였어요. 어릴 때는 장난감 기차와 비행기가 어떻게 움직이는지 알아내려고 뜯어보곤 했고, 10대 때는 버려진 시계와 전화기 부품으로 간단한 컴퓨터를 만들어 냈죠. 그래서 '아인슈타인'이라는 별명이 붙기도 했어요. 호킹은 화학, 생물학, 수학 대신 물리학과 천문학을 연구하려고 옥스퍼드대학교에 진학했습니다. 나중에 "물리학과 천문학을 파고들면 우리가 어디에서 왔고 왜 여기에 있는지 이해할 수 있을 것 같았다."라며 그 이유를 설명했지요.

호킹은 우주에 시작점이 있다는 빅뱅 이론을 널리 알린 것으로 유명합니다. 그전까지 과학자들은 우주가 특별한 시작 없이 존재한다는 정상우주론을 믿었습니다. 호킹은 높은 밀도와 고온 상태가 대폭발을 거쳐 급속히 팽창하며 지금의 우주에 이르렀다는 빅뱅 이론을 증명했고, 오늘날 과학자 대부분이 그의 이론을 인정합니다.

무중력 상태를 체험하는 꿈을 실현한 스티븐 호킹.

호킹은 21세에 근위축성 측색 경화증, 즉 루게릭병을 진단받았습니다. 병이 뇌와 척수의 신경 세포에 영향을 미치며 온몸의 근육이 서서히 마비되자 호킹은 휠체어를 타고 다니며 전자 센서를 통해 말해야 했어요. 의사들은 호킹의 수명이 몇 년밖에 안 남았다고 예측했습니다. 하지만 호킹은 76세에 세상을 떠나기까지 55년을 더 살며 한계를 훌쩍 넘어섰죠. 호킹은 결혼해서 세 아이를 낳았고, 세상에 위대한 발자취를 남겼습니다.

호킹은 저의 영웅입니다. 그는 결코 장애가 자신의 의미 있는 삶을 방해하도록 내버려 두지 않았습니다. 더 이상 걷거나 말할 수 없게 되었을 때도 굴하지 않았죠.『뉴욕타임스』와의 인터뷰에서 호킹은 이렇게 말했습니다. "장애가 가로막지 않는 일에 집중하세요." 2007년에 그는 무중력 상태로 부유하는 꿈을 이뤘습니다. NASA의 초대로 무중력 상태를 시뮬레이션 하는 항공기에 타 본 것이죠. 호킹은 이렇게 말했습니다. "나는 그 몇 분 동안 슈퍼맨이었어요."

먼 곳에 있는 미지의 존재를 향해

여러분은 외계인이나 UFO가 존재한다고 믿나요? 그렇다면 여러분은 혼자가 아니에요. 미국인의 50퍼센트가 외계인이 존재한다고 믿고 있거든요. 비록 아직 외계인의 존재를 뚜렷하게 증명할 증거는 없지만요. 외계인 또는 외계 지적 생명체를 추적하는 세티(SETI)라는 기관도 있습니다. 우리가 우주에서 유일한 지적 생명체인지 아닌지는 과학자, 천문학자, 천체물리학자, 소설가, 영화 제작자 등이 항상 고민해 왔던 문제입니다. 인류와 외계 문명 사이의 연관성을 상상하며 수많은 이야기를 만들었는데도 아직 외계 생명체가 존재한다는 확실한 증거는 없어요. 이탈리아계 미국인물리학자인 엔리코 페르미는 만약 외계 문명이 존재한다면 우리가 이미 알고 있어야 한다고 주장했습니다. 페르미 역설로 알려진 이 주장은 그가 "그래서 대체 모두 어디 있다는 말인가?"라고 질문한 일화에서 유래했죠.

저는 기숙 학교 시절에 SF소설과 외계인의 존재에 푹 빠진 나머지 엄청난 사기극을 벌였습니다. 집에서 만든 비행접시와 낚싯대, 그리고 적절한 타이밍을 이용해 기숙사 친구 2명을 속인 것이죠. 일단 은박지로 만든 비행접시를 낚싯대 끝에 매달고 기숙사에 불이 꺼질 때까지 기다렸습니다. 그러고 나서 건물 옥상으로 올라가 친구들의 방 창문 위에 자리를 잡았어요. 만약 창문 앞에 매달았다면 너무 잘 보여서 모형인 티가 났을 거예요. 그리고 창문 앞을 계속 맴돌아도 가짜처럼 보였겠죠. 살짝 치고 빠지는 게 관건이었어요. 저는 자제력을 발휘해 비행접시를 창문 앞으로 딱 한 차례 휘둘렀어요. 친구들의 비명이 들렸을 때 사기극이 성공한 걸 알았죠. 친구들은 비행접시를 목격했다고 온 학교에 소문을 냈고, 그 소문은 지역 신문에 실리기까지 했어요. 그 때까지 제가 어떻게 입을 다물고 있었는지 모르겠네요. 저는 연말이 되어서야 친구들에게 선물할 게 있다며 옷장 한

구석에서 모형 비행접시를 꺼내 건넸습니다. 친구들은 처음에는 화를 냈지만 결국 한바탕 웃고 말았답니다.

칼 세이건(Carl Sagan)은 어려서부터 별을 궁금해했어요. 어머니는 그런 아들을 도서관에 보냈습니다. 전기 작가 키데이비슨에 따르면 세이건은 도서관 사서에게 별(stars)에 관한 책을 보여 달라고 했고, 사서는 세이건에게 할리우드 스타들의 사진이 실린 책을 가져다줬다고 해요. 오, 이런. 당황한 세이건이 다시 부탁하자 그제야 사서가 밤하늘의 별을 다룬 어린이책을 가져다줬답니다. 어린 세이건은 태양이 별이라는 사실을 알고 깜짝 놀랐다고 해요. 사실, 모든 별은 태양과 비슷하답니다. 너무 멀리 떨어져 있어서 반짝이는 점처럼 보이는 것뿐이죠. 훗날 세이건은 그때의 깨달음을 이렇게 회상합니다. "눈앞에 광대한 우주가 펼쳐진 느낌이었어요. 마치 종교적 체험 같았죠. 그 장엄함과 웅장함은 결코 저를 떠난 적이 없어요."

세이건의 어린 시절을 또 한 차례 뒤흔든 사건이 있습니다. 1939년 뉴욕 퀸스에서 '내일의 세계'라는 주제로 열린 세계 박람회였죠. 그곳에서 세이건은 로봇과 텔레비전 같은 신문물을 구경했습니다. 세이건의 마음을 사로잡은 것은 지하 15미터 지점에 묻힌 다음 무려 5000년 후(6939년)에 개봉될 '타임캡슐'이었어요. 그 캡슐에는 『라이프』 잡지, 미키 마우스 컵, 동전, 담배, 흔한 농작물 씨앗 등이 담겨 있었습니다. 모두 당대의 삶을 미래 문명에 보여 줄 수 있는 물건들이었죠. 아마 어린 세이건은 그 프로젝트를 보고 현재 인류가 상상할 수 없는 미래 문명이 저 너머에 있다는 생각을 품었을 거예요.

세이건은 천문학과 천체물리학을 연구하며 과학계에 크게 공헌했습니다. 특히 금성의 기후가 극도로 덥고(섭씨 450도) 지구와 전혀 비슷하지 않다는 사실을 밝혀냈습니다. 또 화성의 색이 변하는 이유는 식물이 존재해서가 아니라 먼지 폭풍 때문이란 걸 밝혀냈습니다. 세이건은 과학계 안에만 머물지 않았어요. 일반 대중이 과학을 쉽게 이해하도록 하는 데 관심이 있었기 때문이죠. 한편, 그는 외계 생명체가 존재한다고 믿는 사람이었습니다. 이 드넓은 우주에 우리만 있을 리가 없다고 생각했지요.

1977년, NASA는 시속 6만 킬로미터의 속도로 이동하며 금성, 화성, 목성을 둘러보도록 설계된 2대의 자매 우주선을 발사했습니다. 이 우주선을 통해 외계 생명체와 교류하게 될지도 모른다는 기대가 뜨거웠습니다. 결국 외계 생명체가 존재한다는 생각을 포기한 적이 없던 칼 세이건이 외계 생명체에게 전할 메시지를 만드는 임무를 맡았습니다. 세이건은 어렸을 때 봤던 세계 박람회의 타임캡슐을 떠올리며 '골든 레코드'라는 음반을 만들었

여러분이라면 먼 은하에 있는 외계인에게 어떤 메시지를 보낼 건가요?

습니다. 그 음반에는 파도, 바람, 천둥, 새, 고래의 소리 등이 담겨 있습니다. 또 고대 언어를 포함해 55개 언어로 된 인사말, 클래식 음악과 로큰롤까지 수록되었지요. 소리만 담기지 않았습니다. DNA의 분자 구조, 배 속의 태아, 올림픽 육상 선수, 아이스크림 먹는 사람 등을 찍은 사진도 116장 담겼습니다. 레코드를 재생하는 방법은 음반 표면에 기호로 새겨 두었습니다. 물론 세이건도 외계인들이 목성의 모닥불 주위에 둘러앉아 모차르트의 곡을 들을 가능성은 매우 낮다는 걸 알고 있었어요. 하지만 그가 한 말에서 이 프로젝트의 진정한 메시지가 드러납니다. "우주의 바다에 이 병을 띄워

보내는 것은 인류에게 있어 희망적인 일이다."

우주를 항해하는 이유

골든 레코드가 실린 무인 탐사선의 이름은 보이저호입니다. **에드워드 스톤**(Edward Stone)은 보이저 계획의 수석 과학자였지요. 그가 우주물리학에 이끌린 계기는 러시아의 스푸트니크 발사였습니다. 그는 박사 학위를 딴 뒤 과학과 공학, 연구 사업 등으로 유명한 캘리포니아공과대학교의 연구원이 되었습니다. 또 제트 추진 연구소(JPL)에서 시간제 교수로 일했습니다. 연구소의 특성상 돌발적인 폭발이 일어나는 경우가 많았고, 연구소는 샌가브리엘산맥으로 위치를 옮기게 됩니다. 이후 NASA가 연구소를 지휘하게 되면서, 제트 추진 연구소는 세계를 선도하는 무인 우주선 연구소로 성장했습니다. 에드워드 스톤은 제트 추진 연구소와 함께 뜻깊은 경력을 쌓아 나갔습니다. 그는 다른 행성을 이해하는 것이 우리 지구를 이해하는 데 매우 중요하다고 생각했지요.

보이저 계획의 첫 번째 임무는 목성, 토성, 천왕성, 해왕성 등 거대한 행성들의 사진을 찍는 것이었습니다. 탐사선은 목성의 달 중 하나에 접근해 활화산을 확인했고, 또 다른 달에서는 얼음 지각 아래 액체 상태의 바다가 있다는 증거를 발견했습니다. 보이저 1호와 2호는 30년 넘게 우리 태양계의 가장 먼 곳에서 데이터를 보내 왔습니다. 그리고 2012년, 보이저 1호는 태양풍이 만들어 내는 자기장과 입자들의 '버블', 즉 태양권을 벗어나 성간 공간에 도달한 최초의 인공 물체가 되었습니다.

NASA에서는 한때 보이저 계획의 중단을 논의하기도 했습니다. 하지만 스톤과 몇몇 동료들이 포기하지 않았지요. 계속해서 연구 자금을 확보했고, 새로운 '우주 비행 관제 센터'에서 임무를 이어 나갔습니다. 관제 센터는 강아지 훈련 센터 근처 사무실 단지에 위치하게 되었죠. 컴퓨터 모니터 옆에는 판지로 만든 경고판을 두었다고 해요. 거기에는 '보이저 임무 필수 하드웨어: 건드리지 마시오'라고 쓰여 있었죠. 그들에게 중요한 것은 성간 공간에 도달한 보이저 1호와 2호를 계속 지켜보는 것이었어요.

2019년, 여전히 데이터를 수집하고 있던 83세의 스톤 박사는 상금 120만 달러와 함께 쇼 천문학상을 받는 영예를 누렸습니다. 그는 평생에 걸쳐 우리 은하계의 이웃을 탐구했지요. 지구 너머에는 뭐가 있을까요? 그것은 어떻게 그곳에 이르렀을까요? 보이저 1호가 2012년에 성간 공간에 진입하자 스톤은 이렇게 말했습니다. "우리는 이것이 인류의 역사적인 도약이라고 믿습니다. (…) 이제야 우리가 내내 물어온 질문, '아직 멀었나요?'라는 질문에 답할 수 있겠네요. 다 왔습니다."

NASA가 마지막으로 달에 보냈던 유인 우주선의 비행사들은 지구의 가시 표면 전체가 담긴 첫 번째 사진을 가지고

보이저호의 실물 크기 모형 앞에 서 있는 에드워드 스톤.

돌아왔습니다. 역사상 가장 유명한 사진 가운데 하나인 '푸른 구슬'이죠. 볼 때마다 참으로 겸허한 마음이 들게 하는 사진입니다. 우주에서 우리의 자리는 어디쯤일까요? 그 자리를 보존하고 보호하기 위해 우리는 어떤 책임을 져야 할까요? 우주여행의 목적과 임무는 무엇일까요? 에베레스트 등반에 참여한 영국 산악인 조지 맬러리는 왜 에베레스트에 오르느냐는 물음에 "산이 거기 있으니까."라는 유명한 말을 남겼습니다. 우리가 달에 갔던 이유, 또 화성에 가려는 이유는 뭘까요? 생명체를 찾기 위해? 화성인을 만나기 위해? 지식을 발전시키기 위해? 은하계의 우위를 점하기 위해? 아니면 단순히, 거기 있으니까?

인간이 화성에 첫발을 내디디는 순간은 인류가 처음 달에 착륙했을 때처럼 감격스러울 것입니다. 어쩌면 여러분이 사는 동안 일어날지도 모르는 일입니다. NASA가 개발 중인 아르테미스 프로그램은 달의 궤도에 우주 정거장을 세우고

푸른 구슬, 지구.

거기서 얻은 지식을 통해 2033년까지 화성에 착륙하는 것을 목표로 하고 있습니다. 그리 멀지 않았죠! 미국의 억만장자 제프 베이조스(세계 최대 온라인 쇼핑몰 아마존의 창립자)와 일론 머스크(전기 자동차 회사 테슬라와 우주 탐사 기업 스페이스X의 창립자) 또한 화성 이주 계획에 자금과 자원을 투입하고 있습니다. 우주가 거기 있는 한 사람들은 끊임없이 앞다퉈 탐험할 거예요. 스티븐 호킹이 이러한 마음을 탁월하게 표현했죠. "우리는 인간이기에 탐구하고, 알고 싶어 합니다."

동물 행동

저는 '오줌 메시지 확인'이라고 부릅니다. 반려견이 산책하다가 멈춰서 식물, 나무의 밑동, 소화전 따위에 코를 킁킁거리는 행동 말이에요. 그럴 때 대부분의 반려인은 오래 기다려 주지 않고 목줄을 잡아끌곤 하죠. 사실 그 개는 자기 세계에서 무슨 일이 일어나는지 알아내려고 냄새를 맡는 거예요. 개는 다른 개의 오줌 냄새를 맡고 많은 정보를 얻는데, 무엇보다 오줌의 신선도에 따라 다른 개가 언제 그곳에 다녀갔는지 파악합니다. 그리고 같은 장소에 오줌을 누는 것을 냄새 표시라고 하는데, 개에게는 매우 중요한 일이에요. 개들의 소통 방식이기도 하죠. 다른 개들의 흔적을 알아내는 것은 마치 회사원들이 정수기 앞에 모여 날씨, 스포츠,

텔레비전 프로그램을 주제로 잡담을 나누는 것과 비슷합니다. 개와 인간에게는 커다란 공통점이 하나 있어요. 바로 사회적 동물이라는 거예요. 우리는 서로가 어떻게 지내는지 알고 싶어 하죠.

귀여운 친구가 된 라이벌

개와 인간의 역사는 매우 깁니다. 우리가 영장류에서 진화했듯이 개는 늑대에서 진화했어요. 개는 인간이 최초로 길들인 동물입니다. 이를 가축화라고 하는데, 한마디로 설명하면 야생에 살던 동물이 우리와 함께 소파에 앉아 텔레비전을 보는 털북숭이 친구가 되는 과정이죠. 과학자들은 개가 늑대의 후손이라는 것에는 동의하지만 언제, 어디서, 어떻게 가축화되었는지에 관해서는 아직 의견이 분분합니다. 시기는 1만 5000년 전~4만 년 전 사이이고, 장소는 동아시아나 유럽, 또는 둘 다입니다. 전 세계에서 발견되는 개의 이빨과 뼈 화석을 통해 DNA를 연구하는 과학자들은 개가 동양과 서양에서 동시에 가축화되었다고 봅니다. 저는 언제보다 '어떻게' 가축화되었는지가 더 궁금합니다. 저널리스트 브라이언 핸드워크는 과학 잡지 『스미스소니언』에서 이렇게 표현했죠. "개들은 어떻게 우리의 라이벌에서 복슬복슬 귀여운 친구로 변했을까?"

여기서도 과학자들의 의견이 갈립니다. 어떤 과학자들은 초기 인류가 무리를 지어 사냥하는 수렵 채집 사회였을 때부터 가축화가 이뤄졌다고 봐요. 늑대와 함께 사냥하는 것이 인간과 늑대 모두에게 이로웠다고 주장하지요. 이 주장에 따르면 늑대들은 인간들이 버린 음식 찌꺼기를 주워 먹으며 인간 사회에 가까워졌습니다. 점점 인간을 두려워하지 않게 되면서 길들이기 쉬워진 것이지요. 인간은 늑대가 사냥을 돕고 집과 가족을 보호하는 데 유용하다는 걸 깨닫고, 늑대는 인간이 먹다 남은 음식을 먹고 사는 게 편하다는 것을 알게 되자 관계가 발전하기 시작했다는 분석이지요.

이에 반박하는 과학자들은 늑대의 빠른 속도, 날카로운 이빨, 예민한 후각을 고려하면 늑대가 포식자로서 인간보다 훨씬 더 유능한 사냥꾼이었다고 주장합니다. 하지만 그렇게 따지면 인간들은 석기와 무기를 만들어 큰 짐승을 사냥하는 능력이 있었죠. 그런가 하면 인간이 처음 농사를 지으며 정착 생활을 할 때 늑대 새끼들을 구해 길들이기 시작했다는 의견도 있어요. 어떤 의견이 옳은지는 늑대가 인간에게 길들여진 것이 농업 발명 이전인지 이후인지에 따라 갈릴 거예요. 답은 나와 있습니다. 고대 DNA를 분석한 최신 연구 결과를 보면 늑대가 개로 변한 것이 인간이 농경 생활을 시작하기 전이라는 것을 알 수 있습니다.

즉, 늑대는 포식자의 습성을 어느 정도 버리면서 인간의 보호자 겸 조력자가 되었습니다. 양 떼를 몰고, 썰매를 끌고, 다른 포식자들로부터 인간들을 보호했죠. 고대 이집트, 그리스, 로마, 중국의 벽화와 도자기 장식에서 목줄을 찬 개들의 모습을 종종 볼 수 있습니다. 이는 개가 이미 가축이 되었다는 뜻입니다. 야생에 사는 늑대라면 결코 목줄을 채울 수 없을 테니까요!

인간은 수천 년 전부터 개를 여러 용도로 길렀지만, 19세기 영국에서 본격적으로 오늘날 우리가 아는 품종들이 만들어졌습니다. 사냥개들은 다양한 짐승을 쫓기 위해 번식되었어요. 스탠더드푸들처럼 큰 개들은 곰 사냥에 이용됐죠. 농장에서는 양 떼를 보호하고 이동시키려고 콜리 같은 양치기 개를, 오소리나 쥐처럼 작은 짐승을 잡으려고 테리어를 번식시켰어요. 빠르기로 유명한 그레이하운드는 토끼 사냥에 이용되었지요. 또 개는 반려견으로 적합한 품종으로도 번식되었는데, 특히 귀족들이 포메라니안이나 퍼그처럼 '귀여

믿기 어렵겠지만 이 둘은 친척이랍니다.

운' 개나 '애완용' 개를 데리고 다녔습니다. 개를 훈련하기 쉬운 이유는 개들이 기꺼이 인간을 따르기 때문이에요. 개들은 사람의 손길과 칭찬을 즐기는 아주 친근하고 사회적인 동물이 되었죠. 오늘날 개의 품종은 300종이 넘습니다.

수천 년 동안 진화했음에도 개의 발은 늑대의 발과 형태가 같아서 둘을 구별하기는 어렵습니다. 저는 어릴 때 눈밭에서 동물 발자국을 발견하고는 했어요. 개뿐만 아니라 사슴과 토끼의 흔적도 있었죠. 그 발자국들이 어디로 이어지는지 보려고 동생과 함께 따라가기도 했어요. 봄에는 진흙

위에 찍힌 다람쥐, 새, 고양이의 발자국을 볼 수 있었어요. 저와 동생들은 백과사전을 통해 어떤 발자국이 어떤 동물의 것인지 확인하곤 했죠. 요즘은 이런 정보를 인터넷에서 쉽게 찾을 수 있답니다.

동물들의 감정을 이해하기

어린 시절의 저는 동물학자가 되겠다는 생각을 한 적이 없었지만, 돌이켜 보니 내내 징조가 있었습니다. 첫 번째 징조는 하루 종일 동네를 떠돌던 이웃집 개 터키와 헌터를 눈여겨본 거예요. (미국에는 이제 목줄을 차지 않은 개는 집 밖에 나갈 수 없게 하는 법이 생겼죠. 안타까운 일입니다. 개들은 이리저리 돌아다니며 순찰하고 다른 개나 사람과 상호작용하는 걸 좋아하거든요.) 그런데 터키와 헌터는 서로 무척이나 달랐어요.

터키는 테니스공을 쫓는 걸 좋아했어요. 날쌔고 기운찬 녀석이어서 울타리를 뛰어넘으며 질리지 않고 공을 물어 왔죠. 던지는 사람이 지칠 때까지 연거푸 발치에 공을 떨어뜨리고 기대에 찬 눈으로 올려다보곤 했어요. 그와 반대로 헌터는 무엇을 쫓는 데에는 전혀 관심이 없었어요. 큰 덩치로 나무 그늘에 앉아 지나가는 것들을 구경하는 데 만족했죠. 대체 둘은 왜 이렇게나 다른 걸까요? 그 이유를 알 수는 없었지만 두 마리의 개가 서로 얼마나 다른지 지켜보는 것은 흥미로웠어요.

제가 기숙 학교에 들어갔을 때의 일도 영향을 주었을 거예요. 당시 저는 저를 '지진아'라고 놀린 여학생의 머리에 두꺼운 책을 던진 죄로 일반계 학교에서 쫓겨난 직후였어요. 어머니는 제가 전학 갈 학교를 찾다가 승마 프로그램이 있는 기숙 학교를 선택했어요. 승마가 자폐증 치료에 효과적이라는 연구 결과도 있죠. 저는 말과 교감하며 자제력과 집중력, 소통하는 법을 배웠습니다. 누가 저를 놀릴 때면 여전히 속상했지만 더는 책을 집어 던지지 않게 되었어요.

14살부터는 학교에서 마구간을 담당하게 됐습니다. 말에게 먹이를 주고, 털을 손질해 주고, 말똥을 치웠지요. 말을 타고 사람들에게 말을 보여 주는 일도 했어요. 저는 안장과 고삐를 깨끗하게 관리하고 정돈해 두었습니다. 심지어는 마구간 지붕도 수리했죠. 이 모든 게 전혀 허드렛일처럼 느껴지지 않았어요. 제가 사랑하는 동물들을 돌보는 일이었으니까요. 몇몇 학생들은 동물들을 배려하지 않았고 심지어는 괴

롭혔습니다. 저는 그게 나쁘다는 걸 알았고 화도 무척 났지만 꾹 참았습니다. 말썽을 피웠다가는 마구간 일을 못 하게 될 수도 있으니까요. 마구간은 제가 놀림을 당하지 않는 유일한 곳이기도 했어요. 그래서 저는 이 장소를 잃고 싶지 않았어요.

저에게 승마는 처음 맛보는 자유였습니다. 말을 타고 달리면 하늘을 나는 것 같았거든요. 저는 포옹 같은 신체 접촉을 몹시 꺼렸기 때문에 승마를 통해 신체적 교감을 배웠어요. 안장에 오르고, 절그럭 소리를 내고, 고삐를 당기고, 목을 쓰다듬고, 손으로 당근을 먹이는 등 말과 함께하는 행위는 모두 의미 있는 상호작용이었죠.

저는 마구간에서 터키와 헌터처럼 딴판으로 행동하는 두 마리의 말을 만났습니다. 골디(털이 옅은 갈색이라서 붙은 이름입니다.)는 운동장에서는 늠름했지만 길에 나서면 천방지축이었어요. 저는 나중에 골디가 우리 학교에 오기 전에 학대를 당했다는 사실을 알게 됐어요. 학교 운영자는 경매를 통해 싼값에 말을 사들였습니다. 그중 어떤 말들은 학대나 방치를 당한 탓에 사람을 물거나 뒷다리로 일어서거나 마구간에서 버티는 등 문제 행동을 보였죠. 킹이라는 혈통을 알 수 없는 말은 몸집이 컸고 운동장에서든 길에서든

애리조나주에 있는 이모네 목장을 방문한 것은
제가 축산업과 관련된 일을 하게 된 계기였습니다.

얌전했습니다. 하지만 말 전시회에 데려가자 앞다리를 들어
올리며 마구 날뛰었어요. 저는 그 이유가 많은 풍선과 인파,
낯선 사람들이 쓰다듬는 것 등 온갖 새로운 자극들 때문이
라고 짐작했어요. 말들에게 낯선 것들에 적응할 시간이 필
요하다는 걸 본능적으로 알았죠.

　그것을 알 수 있었던 이유는 저도 마찬가지였기 때문입니
다. 저는 자폐증 때문에 시끄러운 소리, 다른 사람의 손길,
까끌까끌한 옷감에 예민하게 반응하곤 했어요. 갑자기 큰
소리가 나거나 빳빳한 새 옷을 입으면 까무러쳤죠. 그래서

말들을 이해할 수 있었어요. 어떤 말들은 저와 같은 반응을 보였어요. 안장이 몸에 닿는 부분이 쓸리거나 갑자기 차에서 요란한 소리가 나거나 사람들이 너무 빨리 다가오면 날뛰곤 했죠. 저는 동물들이 겪는 상황을 이해했기 때문에 동물들이 저와 비슷한 감정을 지니고 있다고 믿었어요.

보상과 처벌이 전부일까?

그런데 제가 동물 행동을 연구하기 위해 대학원에 갔을 때 모든 믿음이 뒤흔들리는 일이 일어났습니다. 유명한 심리학자이자 이론가인 버러스 프레더릭 스키너의 주장 때문이었죠. 스키너는 모든 행동이 조건화의 결과라고 주장했어요. 조건화란 행동이 보상과 처벌에 따라 학습된다는 것을 의미해요. 예를 들어 한 아이가 시험을 잘 봐서 부모님에게 칭찬을 받는다면 그 아이는 다음에도 시험을 잘 보려고 노력하겠죠. 또 집안일을 하지 않아서 외출 금지를 당했다면 다음에는 집안일을 거르지 않으려고 할 테고요. 스키너는 이렇게 모든 동물의 행동이 보상과 처벌로 설명될 수 있다고 주장했습니다. 그리고 당시만 해도 모두가 그의 이론이 옳다고 믿는 듯했어요.

1900년대 초 펜실베이니아주 서스쿼해나에서 자란 프레더릭 스키너는 동생과 함께 집 근처 숲과 강을 탐험하곤 했습니다. 그에게는 모든 활동이 과학 실험이었죠. 스키너는 접시꽃에 앉은 꿀벌을 잡았고 고치를 집에 가져가 나비가 나오는지 관찰하곤 했어요. 더 야심차게는 새장 같은 덫으로 다람쥐를 잡아 길들이려고 시도했어요. 하지만 다람쥐가 가축화에 저항하는 걸 깨닫고 실망했지요. 많은 다른 과학자처럼 스키너도 어렸을 때 주어진 장난감을 가지고 놀기보다 새로 장난감을 만들기를 더 좋아했어요. 조립 완구로 건물을 짓고, 버려진 롤러스케이트의 바퀴로 스쿠터를 만들고, 낡은 유모차의 바퀴와 차축으로 조종 가능한 마차를 만들며 놀았습니다.

스키너는 대학에서 심리학을 전공했습니다. 그 무렵 심리학자들은 더 이상 인간의 정신만을 연구하지 않았어요. 인간을 이해하는 수단으로써 동물의 행동을 연구했죠. 스키너는 동물의 행동을 측정할 수 있는 장치를 만들고 싶어 했습니다. 그전에는 쥐를 미로에 가두고 관찰하는 실험이 인기 있었지만 그 결과는 신뢰할 수 없는 수준이었거든요. 한때 다람쥐를 길들이려고 했던 소년은 성인이 되어 '스키너 상자'로 알려진 실험용 상자를 개발했습니다.

스키너 상자의 핵심은 상자 안에서 동물들이 과제를 수행하면 보상(먹이)을 받는 것입니다. 이를 통해 과학자가 동물의 행동을 꽤 정확하게 측정할 수 있었지요. 상자 안에서 쥐들은 레버를 당기면 먹이를 얻는다는 것을 배웠습니다. 비둘기들은 키를 쪼아서 먹이를 얻었고요. 상자는 동물의 반응 빈도를 아주 정확하게 기록했어요. 보상과 처벌을 주며 행동을 교정하는 이 과정을 조작적 조건화라고 합니다. 스키너는 반복된 보상과 처벌에 따라 모든 행동과 감정이 좌우된다고 결론지었습니다. 그리고 그 생각은 동물학과 인간 행동학을 오랫동안 지배했죠. 하지만 저는 그렇게 믿지 않았어요. 스키너의 의견에 동의하지 않는 사람은 저뿐만이 아니었습니다. 1961년에 켈러 브렐런드와 메리언 브렐런드는 선천적인 행동 양식도 동물 행동에 영향을 미친다는 내용의 논문을 발표했습니다. 하지만 그들이 학계에 속한 과학자가 아니라는 이유로 그 논문이 타당성을 인정받기까지는 오랜 시간이 걸렸죠.

오늘날에는 자폐인과 단독 생활을 하는 포유류에게 어떤 공통점이 있는지 알아보는 연구도 이뤄지고 있습니다. 북극

저는 대학생 때 스키너의 비둘기 연구실을 방문했습니다.
바로 이 사진에서 보이는 장소죠.

곰, 스컹크, 호랑이 같은 동물들은 무리를 짓지 않고 비사회적으로 살아갑니다. 연구자들은 사회적 동물과 비사회적 동물 사이에서 차이를 발견하기 시작했습니다. 뇌 활동과 호르몬 수준 등 여러 생화학적 차이와 유전적 차이가 있었지요. 만약 뇌의 미스터리가 풀린다면 저처럼 유대감, 의사소통, 눈 맞춤을 어려워하고 사회적 상황에서 불편함을 느끼는 자폐인들에게 도움이 될 거예요.

저는 동물들이 생각하고, 기억하고, 감정을 느낄 수 있다는 걸 직감적으로 알았습니다. 스키너가 동물학에 큰 공을 세운 건 인정하지만 그의 의견에 동의하지는 않았어요. 특히 동물에 관해서라면, 일상에서 관찰하는 것이 실험실에서 실험하는 것만큼이나 중요하다고 생각합니다. 실험은 측정하려는 것만 측정합니다. 반면에 동물을 인내심 있게 관찰하면 훨씬 더 많은 걸 알아낼 수 있습니다.

제가 대학원에서 처음 맡은 과제는 한 동물을 골라 4시간 동안 관찰하는 것이었습니다. 동물학자가 동물을 연구할 때는 에소그램이라는 동물 행동 목록을 사용합니다. 관찰하는 동물의 행동, 그 행동의 의미, 행동이 일어나는 빈도를 기록한 목록이죠. 저는 동물원에 가서 영양을 관찰하기로 했습니다. 그리고 한구석에 틀어박혀서 제가 관찰한 모든 행동을 기록했어요. 영양은 자고, 쉬고, 똥을 누고, 오줌을 누고, 거닐었습니다. 몇 시간이 흐르자 깜짝 놀랄 일이 일어났습니다. 수컷 두 마리가 쇠사슬 울타리를 사이에 두고 서로 뿔을 맞부딪친 거예요.

영양은 뿔을 맞대고 싸웁니다. 이런 공격적인 행동은 지배력을 얻기 위한 행동입니다. 더는 야생에서 살지 않고, 서로 떨어뜨려 놓았음에도 영양에게 투쟁 본능이 남아 있었던 것이죠. 만약 제가 영양을 1~2시간만 관찰하고 말았다면 그 놀라운 경쟁 장면을 못 봤을 거예요. 그래서 시간과 인내가 중요합니다.

동물의 눈으로 세상을 보면

제가 대학원에서 공부한 것과 애리조나주 목장에서 관찰한 것들은 동물학자가 되어서 소를 안전하게 이동시키는 시설을 개발하는 데 큰 보탬이 되었습니다. 저는 소들이 빛나는 금속이나 다른 시각적 자극 때문에 이동 장치에 들어가기 두려워한다는 걸 알아냈어요. 몇 년 동안 현장에서 일한 조련사들도 몰랐던 사실이죠. 차이를 만들어 낸 것은 관찰입니다. 조련사들이 맡은 일을 충실히 하려고 애쓰는 동안 저는 동물들이 움직이는 작은 물체, 예를 들어 달랑거리는 쇠사슬을 보았을 때 어떻게 반응하고 행동하는지 주의 깊게 관찰했거든요. 또 가끔은 동물들이 어떻게 생각하고 느끼는지 알아내려고 바닥에 엎드리거나 이동 장치 안에 들어가 보기도 했죠. 목장주들은 제가 미쳤다고 여겼지만 저는 동물의 눈을 통해 세상을 바라보면서 답을 찾아냈습니다.

동물의 행동을 연구할 때는 서식지를 고려해야 합니다. 여러분의 반려견은 목장에서 자유롭게 돌아다니며 말이나 소, 목장 일꾼들과 상호작용하나요? 아니면 작은 아파트에 살며 하루에 2번 도시의 거리를 산책하나요? 이런 차이에 따라 개의 행동도 달라집니다. 만약 어떤 개가 옷장에 숨거나 가구를 다 뜯어 놓았다면 저는 일단 그 개가 작은 집에서 긴 시간을 혼자 보낸다고 짐작할 거예요. 별로 어려운 짐작은 아니에요. 개는 매우 사교적인 동물이고 온종일 혼자 두면 외로워하니까요.

혼자 있으면 하루 종일 자거나 느릿느릿 움직이는 개도 있지만, 계속 창밖을 쳐다보거나 마구 날뛰며 집 안을 난장판으로 만드는 개도 있어요. 어떤 개는 좁은 공간에 만족하지만 어떤 개는 답답해하고 괴로워합니다. 여러분은 반려견의 행동을 관찰하고 기록하면서 왜 그런 행동을 하는지 가정하고 실험할 수 있어요. 이는 과학적 과정이죠. 관찰하기, 가정하기, 실험하기.

가장 좋은 방법은 집에 카메라를 설치해서 녹화해 보는 거예요. 반려견이 집에 혼자 있을 때 어떻게 행동하나요? 사람이 집에 있는데 누군가가 집 앞을 어슬렁거리면 대부분의 개는 짖습니다. 과연 집에 사람이 없더라도 반려견이 똑같이 행동할까요? 그렇다면 어떻게 짖을까요? 차가 시동을 걸 때처럼 목구멍에서 으르렁 소리를 낼까요? 쉬지 않고 격렬하게 짖을까요? 아니면 반갑다는 듯이 낑낑거릴까요? 저는 빌라가 밀집한 동네에 사는데, 직장인들이 집을 비우는 한낮에 동네를 거닐다 보면 개들이 낑낑거리며 짖는 소리가 들려옵니다. 근처에는 강아지 놀이터도 없으니 그 개들은 사회생활에 굶주렸을 거예요. 저는 동료들과 함께 진행한 연구를 통해 집에 오랜 시간 혼자 있는 개들에게 때 이른 새치가 난다는 사실을 확인했습니다. 그런 개들은 독방에 갇힌 죄수처럼 우울해하죠.

유기견 보호소에 사는 개들에게도 사람이 필요합니다. 개들이 인간에 대한 신뢰를 회복할 수 있도록, 또 입양을 가게 될 경우 새 가족에 잘 적응할 수 있도록 같이 놀아 줄 사람이 필요하지요. 개와 함께 살기로 결정해 놓고서 정작 놀아 주지 않는 것은 너무나 흔한 문제입니다. 개가 외출하려면 반드시 목줄을 해야 한다는 법이 엄격하게 적용되고 있는 도시에서 개가 좋은 삶을 누리려면 사람이 많이 애써야합니다. 개가 사람뿐 아니라 다른 동물들과도 상호작용하며 지낼 수 있도록 노력해야 하지요.

에소그램 기록해 보기

동물 행동을 정확히 파악하려면 하루 내내 동물을 관찰해야 합니다. 야생에서 관찰하는 경우에는 특히 더 그렇죠. 에소그램을 통해 동물의 행동이 시간에 따라 어떻게 변하는지 기록하는 것이 유용합니다. 주기적 행동, 즉 동물이 매일 같은 시간에 하는 행동을 파악하면 동물의 습관과 행동 양식을 알 수 있죠.

그다음에는 행동을 예측하고 해석할 수 있습니다. 왜 우리 고양이는 매일 오후 3시부터 5시까지 소파 뒤에서 잘까? 왜 우리 개는 아침은 게걸스럽게 먹고 저녁은 깨작거릴까? 왜 우리 개는 남자한테만 으르렁거릴까? 왜 동물원의 몇몇 동물은 같은 자리를 왔다 갔다 하는 걸까? 참고로 이 행동은 상동증이라고 불리며 동물이 괴로워한다는 신호입니다. 동물들을 돕기 위해서는 사람을 도울 때와 마찬가지로 그들이 왜 불안해하고 우울해하는지 알아야 해요. 이 모든 질문의 해답은 시간을 들여 유심히 관찰해야 얻을 수 있어요.

여러분도 다음과 같이 에소그램을 기록해 보세요.

에소그램 기록하기

준비물
공책, 연필, 인내심

순서 및 방법

| 이름: 스위티 | 나이: 3세 | 체중: 20킬로그램 | 성별: 암컷 | 서식지: 집 |

날짜	행동 목록	빈도	메모
6/3	잠/낮잠	2번	오전 8시, 오후 3시
매일	밥 먹음	2번	오전 7시 반, 오후 6시
6/10	입 주위를 핥음	1번	엄마가 냉장고에서 아이스크림 꺼냈을 때!
	물 마심		
	다른 개와 놀았음		
	꼬리 흔들었음		
6/15	사람에게 코를 비볐음	온종일	사촌 빈센트가 놀러 왔을 때
6/23	배를 까뒤집었음	1번	아빠가 퇴근했을 때
	으르렁거렸음		
	물었음		
	다른 개와 싸움		
6/8	쓰다듬거나 놀아달라고 졸랐음	1번	방과 후에 장난감을 물고 나에게 왔다!
월~금	소리를 듣고 경계 태세를 취했음		큰 갈색 배달 트럭이 나타날 때마다
	짖었음		
	산책할 때 냄새를 맡았음		
매일	오줌, 똥	2번	엄마가 아침과 저녁에 마당에 풀어 줄 때 똥과 오줌을 누는데 똥 냄새는 진짜 고약하다. 아빠는 실수로 그 똥을 밟을 때마다 웃긴 농담을 한다!
	자기 몸을 핥음		
	기타		

작가 엘리자베스 마셜 토머스는 에소그램의 개념을 한 단계 더 발전시켰습니다. 아무도 궁금해하지 않았던 질문을 던진 덕분이지요. 그 질문은 '개는 혼자 남겨지면 어떤 행동을 할까?'였어요. 이때까지만 해도 개에 관한 연구는 대부분 개의 행동을 통해 인간 행동의 실마리를 얻는 것에 초점을 맞췄습니다. 하지만 토머스는 그런 데 관심이 없었어요. 대신에 가끔 친구 부탁으로 돌보던 허스키 미샤를 2년 가까이 따라다녔어요. 밤마다 집을 빠져나가는 미샤를 탐정처럼 '미행'했죠. 보통 개가 한밤중에 사라지는 건 걱정스러운 일인데 미샤는 늘 무사히 집에 돌아왔어요. 토머스는 미샤가 어딜 가고 무엇을 하는지 몰래 지켜봤어요. 그리고 미샤가 보스턴의 번화한 거리를 돌아다니며 어떻게 달리는 차들을 피하는지, 어디서 먹을 것을 뒤지는지, 어디에 냄새 표시(오줌)를 남기는지 알게 됐죠.

토머스는 개의 종족적 특성에 대해서는 많은 결론을 도출하지 않았지만, 개가 사람과 함께 있는 것보다 다른 개들과 함께 있는 걸 좋아한다고 결론 내렸습니다. 미샤는 약 210제곱킬로미터 반경 안에서 돌아다녔는데, 이는 늑대의 최소 활동 범위에 가깝습니다. 결론적으로 미샤의 밤마실 목적은 집 밖에서 다른 개들과 어울리는 것이었어요. 토머스는 개를 개의 관점으로 미샤를 이해하고 싶었고 멀찍이서 관찰하는 것 만으로 그렇게 할 수 있었죠.

침팬지와 교감한 현장의 과학자

저는 항상 '현장'에서 일하는 과학자들을 존경해 왔습니다. 그런 면에서 동물학자 **제인 구달**(Jane Goodall)은 저에게 큰 영감을 준 사람이에요. 사람들이 동물의 눈과 서식 환경을 통해 세상을 바라볼 수 있게 했거든요. 구달은 아프리카 정글에 가서 침팬지들을 관찰하고 이해하며 이들을 멸종 위기에서 구하는 데 인생을 바쳤습니다. 어떤 과학자들은 과학자가 항상 '객관적' 상태를 유지해야 한다며 구달의 방식에 동의하지 않았어요. 관찰자가 관찰 대상과 감정적 유대를 형성해서는 안 된다는 논리였죠. 하지만 구달의 오랜 관찰은 독창적인 연구로 이어졌으며, 인간이 가장 가까운 친척과 나누는 긴밀한 유대감을 보여 줬습니다.

여러분은 운명을 믿나요? 1935년, 갓 돌을 지난 제인 구달은 아버지에게 침팬지 인형을 선물로 받았습니다. 런던 동물원에서 태어난 첫 번째 침팬지인 주빌리의 탄생을 기념하기 위해 제작된 인형이었죠. 훗날 제인이 아프리카에서 침팬지를 연구하며 세계적으로 유명한 사람이 된 것을 생각하면 어쩐지 운명적인 일이지요. 제인은 지렁이들과 함께 잠들기를 원하는 어린이였어요. 어머니가 지렁이는 흙이 있는 곳에서만 살 수 있다고 말려서 결국에는 포기했지만요. 어린 제인은 정원에 비밀 장소를 만들고 둥지를 짓는 새, 알주머니를 나르는 거미를 관찰하곤 했어요. 반려견 러스티를 데리고 절벽을 오르내리며 족제비가 쥐를 사냥하고, 고슴도치가 짝을 쫓고, 다람쥐가 너도밤나무 열매를 파묻는 걸 구경했지요. 특히 파랑어치가 견과류를 낚아채는 장면을 좋아했습니다.

위대한 과학자가 될 소녀의 운명이 가장 잘 드러나는 일화가 있습니다. 어린 제인은 닭이 달걀에서 나온다는 것은 알았지만 달걀이 어떻게 닭에게서 나오는지는 잘 상상이 가지 않았어요. 그 당시에는 유튜브에 검색해 볼 수도 없었죠. 제인은 닭이 알을 낳는 걸 직접 보려고 닭장에 기어들어 갔답니다. 장장 4시간을 기다린 끝에야 궁금증이 풀렸어요. 만족한 제인은 집으로 돌아갔는데 그때 부모님은 제인을 찾아 헤매다가 경찰까지 부른 상태였답니다!

자연을 사랑한 제인 구달은 책을 읽으며 자신의 소명을 찾았습니다. 특히 타잔 이야기에 푹 빠져서 아프리카에 가고 싶다는 꿈을 키웠어요. 제인은 전문대학에서 비서가 되려고 공부하다가 옛 친구의 연락을 받았습니다. 친구는 가족이 케냐에 농장을 샀다며 제인을 초대했죠. 나중에 제인은 이렇게 썼습니다. "아프리카에 간 것은 내 인생을 송두리째 바꾼 전환점이었다."

제인은 아프리카를 여행하던 중에 세계적으로 유명한 고생물학자 루이스 리키를 만났고, 그의 개인 비서가 되었습니다. 그리고 유인원이 인간의 가장 가까운 친척이라는 주장이 담긴 루이스의 논문에 매료되었지요. 루이스가 제인에게 탄자니아 곰베 국립공원에서 침팬지를 관찰하는 현장 연구에 참여해 달라고 제안했을 때 제인은 망설였습니다. 제인이 가진 학위라고는 2년제 대학교 비서 학위가 전부여서 과학자로서 자격이 부족하다고 느꼈거든요. 게다가 침팬지를 관찰하는 방법에 따로 정해진 지침도 없었어요. 직접 부딪혀야 했죠. 침팬지는 위험한 동물로 여겨졌어요. 인간보다 적어도 4배는 힘이 센 동물이기도 하고요. 하지만 제인은 위험을 무릅쓰고 침팬지를 가까이서 관찰할 기회에 달려들었습니다.

침팬지에게 접근하는 시도가 처음부터 성공적인 것은 아니었어요. 실패를 경험한 제인은 매일 같은 시간에 침팬지들에게 다가가야 한다는 사실을 깨달았어요. 또 어느 정도 거리를 두고 다가가야 한다는 걸 알게 됐지요. 2년 동안의 노력 끝에, 제인은 마침내 침팬지들과 바나나를 나눠 먹으며 신뢰를 얻었습니다. 제인은 이 경험에 대해 "나는 이미 내가 이 새로운 숲 세계에 속해 있으며 이곳이 내가 있어야 할 곳이라고 느꼈다."라고 썼어요.

제인 구달은 침팬지를 관찰하면서 적어도 세 가지 중요한 발견을 합니다. 침팬지가 초식 동물이 아니라 인간처럼 고기와 채소를 모두 먹는 잡식 동물이라는 것, 도구를 만들어 사용한다는 것, 수준 높은 사회적 행동을 한다는 것입니다. 침팬지들은 서로 입을 맞추고, 껴안고, 등을 두드립니다. 또 서로 싸우거나 흙을 던지는 공격적인 행동도 하죠. 제인은 침팬지가 어떻게 위계질서를 이루고 공동체를 돌보는지도 관찰했습니다. 어떤 사람들은 제인이 관찰 대상인 침팬지를 번호로 부르지 않고 이름을 붙여 부르는 등 과학의 객관성을 지키지 않았다고 손가락질합니다. 하지만 저는 제인이 장장 50년 동안 현장에서 침팬지의 행동을 연구한 덕분

제인 구달의 침팬지 연구는 인간이 스스로를 바라보는 시각 또한 바꿔 놓았습니다.

에 우리 인간이 동물과 스스로를 더 잘 이해하게 되었다고 생각합니다.

동물에게도 감정이 있다

프란스 드 발(Frans de Waal)은 어렸을 때부터 작은 동물들을 채집했습니다. 1950년대 네덜란드에서 어린 시절을 보낸 그는 개구리부터 도롱뇽, 쥐, 새까지 거의 모든 동물을 채집했죠. 그 후 동물학을 전공하려고 대학에 갔는데 문제가 하나 있었습니다. 기대와 달리 동물학자들이 죽은 동물로만 연구한다는 것이었어요. 게다가 당시의 동물학계는 스키너의 추종자들이 지배하고 있었어요. 대부분의 학자들이 동물이 감정을 못 느끼며, 학습할 수는 있지만 사고할 수는 없다는 주장을 따랐지요. 드 발은 로열 버거 동물원에서 6년간 침팬지를 관찰하는 현장 연구에 착수합니다. 그리고 그 관찰 결과를 바탕으로 동물을 바라보는 우리의 관점과 생각을 바꾸어 놓지요.

드 발은 침팬지들에게서 사람과 비슷한 표정을 확인했습니다. 침팬지들은 공감이나 이타심 같은 자질을 표현했어요. 매우 인간적이라고 여겨지는 자질이죠. 이러한 자질들은 옳고 그름을 이해하는 능력의 산물인 도덕적 행동의 밑바탕입니다. 개를 키우는 사람에게 반려견이 감정을 지녔는지 한번 물어보세요. 아마 다양한 예를 늘어놓으며 자기 반려견이 여러 감정을 지녔다고 답할 거예요. 드 발은 우리가 스키너의 방식대로 신체적 반응만 보고 동물을 판단하면 중요한 감정적 연결을 놓친다고 주장했습니다.

예를 들어 쥐들은 고통스러울 때 귀를 납작하게 하고 눈을 가늘게 뜹니다. 코끼리들은 코를 사용해 서로를 위로하지요. 드 발의 책 『마마의 마지막 포옹』은 침팬지 마마가 세상을 떠나기 직전에 40년 넘게 알고 지낸 과학자를 끌어안고 활짝 웃으며 마지막 인사를 건넸다는 일화에서 제목을 따 왔습니다.(한국에는 『동물의 감정에 관한 생각』이라는 제목으로 출간됨 — 옮긴이) 이는 많은 영장류가 보이는 매우 인간적인 몸짓입니다.

드 발은 대부분의 과학적 동물 연구가 실험실에서 이루어지는 문제를 지적했습니다. 그는 침팬지의 자연 서식지에 가까운 환경에서 침팬지를 관찰하면서 침팬지들이 문제를 해결하고, 얼굴을 알아보고, 호흡, 땀, 소리, 몸짓을 통해 다양한 감정을 보여 줄 수 있다는 것을 밝혀냈어요. 드 발은 감정(emotion)과 느낌(feeling)을 구분했습니다. 감정은 겉으로 드러나지만, 느낌은 잘 드러나지 않으며 상당히 다양하다고 지적했어요. 인간은 자기 느낌을 말로 표현할 수 있지만 동물은 (적어도 아직까지 연구된 바에 따르면) 감정만을 드러낼 수 있다는 것이지요.

다른 방식으로 세상을 이해하기

자폐인인 저의 뇌는 대부분의 사람들과 다르게 기능합니다. 사람들은 오랫동안 제가 못하는 것들에만 초점을 맞췄

습니다. 저는 말하기, 타인과 교감하기, 눈 마주치기를 어려
워했고 같은 말을 반복하곤 했죠. 제가 생각하고 반응하는
방식이 동물과 비슷하다는 걸 깨닫게 되면서, 저는 동물학
에 기여할 수 있을 뿐 아니라 스스로를 더 잘 이해할 수 있
게 되었습니다.

　제가 처음 그 능력을 깨달은 건 이모의 목장에서 소가 두
려워하는 것들을 가려낼 수 있었을 때입니다. 동물은 인간
이 인지할 수 없는 것을 인지합니다. 사람을 돕는 개들을 떠
올려 보세요. 시각 장애인 안내견, 정신 장애나 신체장애가
있는 사람을 돕는 치료견, 폭탄 탐지견, 실종자 수색견 등
다양하죠. 심지어 암을 감지할 수 있는 개도 있다고 합니다.
어떤 동물들은 사람이 기억하지 못하는 매우 상세한 정보
를 기억해요. 예를 들어 개는 후각 수용체가 인간의 50배인
3억 개에 달해서 인간이 못 맡는 냄새를 맡을 수 있습니다.
그 놀라운 후각으로 황무지에서 길을 잃거나 지진이나 눈사
태로 실종된 사람을 찾아내지요.

　저는 학생들과 함께 동물 행동을 연구할 때, 연구의 목적
을 동물의 눈과 감각을 통해 세상을 이해하는 것에 둡니다.
동물을 동물의 방식대로 이해하기를 원하기 때문입니다. 최

근에 메간 코건이라는 학생과 함께 말의 지각력에 관한 연구를 진행했습니다. 우리는 어린이용 플라스틱 미끄럼틀을 설치한 뒤에 말을 데리고 그 옆을 몇 번 거닐었습니다. 처음 몇 번은 걷기를 거부하더니 결국 말은 그 미끄럼틀이 늘 거기 있었던 것처럼 지나갈 수 있었어요.

그다음에는 미끄럼틀의 방향을 바꾸고 다시 말의 반응을 관찰했습니다. 말은 미끄럼틀을 새로운 각도에서 보고 몹시 혼란스러워했어요. 마치 처음 보는 낯선 물체처럼 다가가기를 거부했죠. 사람에게 미끄럼틀은 어떤 각도에서 보아도 미끄럼틀입니다. 이것은 사람이 언어로 생각하기 때문이기도 해요. 우리는 미끄럼틀이 뭔지 알고 여러 종류를 상상할 수 있죠. 하지만 말은 그림으로 생각합니다. 새로운 미끄럼틀을 보거나 다른 각도로 놓인 미끄럼틀을 보면 낯선 물체로 받아들이죠. 언어 기반 사고에서 벗어나서 생각하면 동물들이 어떻게 생각하고 행동하는지 더 잘 이해할 수 있습니다. 과학자 에드워드 오즈번 윌슨이 개미가 감각을 기반으로 놀라운 일들을 수행한다는 것을 깨닫고 개미의 세계를 해독한 것처럼요.

작지만 경이로운 존재들

1930년대, 미국 플로리다주 파라다이스비치 해안에서 어린 **에드워드 오즈번 윌슨**(Edward Osborne Wilson)은 붉은 촉수가 달린 해파리를 발견했습니다. 윌슨은 해파리에 푹 빠져 해가 질 때까지 관찰하다가 집에 갔어요. 다음 날 아침에 돌아가 보니 해파리는 사라진 상태였죠. 그는 수십 년 후에 쓴 회고록에 이때의 기억을 담았어요. 어린 시절 윌슨은 밥 먹는 시간만 빼고 해안선을 오르내리며 보물을 찾아 헤맸다고 해요. 심해에 사는 괴물과 거인을 찾는 게 꿈이었던 그에게 해변은 상상력을 키워 주는 것들로 가득한 공간이었거든요. 가오리, 꽃게, 송어, 복어, 병코돌고래 떼. 윌슨은 "그곳의 동물들이 나에게 영원한 주문을 걸었다."라고 회고했습니다.

그러다 인생을 바꿀 만한 사고가 터집니다. 어느 날 낚시를 하다가 낚싯바늘에 걸린 도미를 홱 들어 올렸는데 물고기가 튀어 오르며 등지느러미 가시로 윌슨의 오른쪽 눈의 동공을 상처 입혔습니다. 그 일로 윌슨은 오른쪽 시력을 완전히 잃게 됩니다. 이후 윌슨은 개미와 곤충의 세계로 관심을 돌렸습니다. 다행히 윌슨의 왼쪽 눈은 시력이 뛰어나서 가까운 사물을 아주 세밀하게 볼 수 있었어요. 심지어 작은 곤충의 몸에 난 털까지 보았죠. 윌슨은 모래로 채운 항아리에 수확개미들을 채집해 침대 밑에 두었습니다. 아들 방을 청소하던 어머니는 기겁했지만 윌슨은 자신의 운명을 확신했습니다. 곤충을 전문적으로 연구하는 곤충학자가 될 거라고 생각했지요.

윌슨의 가족은 워싱턴 D.C.로 이사했는데 자연사 박물관과 가까운 곳이었지요. 다른 아이들이 티라노사우루스 화석에 열광하는 동안 윌슨은 나비와 곤충들에게서 눈을 떼지 못했습니다. 윌슨은 빗자루, 옷걸이, 거름망으로 잠자리채를 만들기도 했어요. 5학년 때는 글을 잘 쓰고 곤충에 대해 많이 안다고 선생님께 칭찬을 받았죠. 훗날 그는 이렇게 말합니다. "내 인생의 진로는 정해져 있었다."

16살에는 이 세상 누구보다 개미를 잘 알고 싶어서 알코올로 채운 작은 병들에 다양한 개미를 채집했습니다. 개미 도감을 참고해 채집한 개미들을 식별하고 개미의 습성과 개미굴에 대해서도 기록했습니다. 한번은 썩은 나무껍질 아래에서 거대한 개미 군체를 발견했는데 마치 눈앞에 신세계가 펼쳐진 것 같았지요.

종을 발견하고 식별하는 것은 시작에 불과했죠. 수년 후 윌슨은 개미들이 우리가 전혀 몰랐던 방식으로 의사소통한다는 것을 증명합니다. 윌슨은 개미와 곤충 행동의 가장 큰 비밀을 풀었어요. 개미 소통의 비밀은 냄새입니다. 여러분은 개미들이 왜 일렬로 움직이는지 궁금했던 적 있나요? 그것은 개미들이 냄새 흔적을 남기기 때문입니다. 윌슨은 개미들이 시각과 청각이 아닌 미각과 후각으로 소통한다는 걸 알아냈어요. 나아가 동물의 의사소통을 탐구하면서 생물학적 요인이 사회적 행동에 어떻게 영향을 미치는지 연구하는 사회생물학 분야를 개척했습니다. 윌슨은 이런 말을 했습니다. "7살 때부터 내 눈에 동물은 크건 작건 얼마든지 탐구할 수 있는 경이로운 존재들이었다."

동물들과 함께 사는 이웃의 도리

제가 콜로라도주립대학교 동물학과에서 가르치는 학생의 70퍼센트는 수의사가 되고 싶어 합니다. 많은 학생이 동물과 관련한 다른 직업에 대해서는 잘 모르지요. 하지만 다른 분야를 한번 경험하고 나면 동물 연구, 유전학, 번식학, 영양학, 경찰견과 맹도견 훈련 등 다양한 진로를 찾아 나갑니다.

어떤 학생들은 동물들이 인도적으로 대우받을 수 있도록 동물 복지 분야의 진로를 택했습니다. 또 어떤 학생들은 야생동물을 관리하고 멸종 위기 동물을 보호하는 일에 전념하며 전 세계를 무대로 일하고 있지요. 그런가 하면 저와 함께 동물 행동을 이해하기 위한 실험을 고안하는 학생들도 있습니다. 크리스타 코폴라라는 학생은 보호소에 있는 유기견들이 매일 산책하고 놀아 주면 스트레스를 덜 받는다는 점을 실험을 통해 확인했어요. 또 다른 실험에서는 사람의 손길에 예민한 소가 살이 잘 안 찐다는 결과를 얻었죠. 동물원에 사는 동물들에게 의료 행위는 큰 스트레스입니다. 하지만 동물들이 자발적으로 협조하도록 훈련하면 이야기가 달라지지요. 우리 연구팀은 영양처럼 몹시 예민한 동물도 간식을 주면서 훈련하면 얌전히 주사를 맞을 수 있다는 점을 확인했어요.

저는 쥐가 레버를 몇 번이나 누를 수 있는지에는 관심이 없습니다. 그런 실험은 인간의 관점으로 동물이 실험실 환경에서 어떻게 반응하는지 드러낼 뿐이죠. 동물을 잘 이해하려면 그들의 서식지에서 그들의 관점으로 바라보아야 합니다. 인류학자 **질 프루에츠**(Jill Pruetz)는 제인 구달의 명맥을 잇는 현장 연구를 진행했습니다. 프루에츠는 세네갈의 사바나에 사는 침팬지들이 도구를 이용해 사냥하고 음식을 나눠 먹는 놀라운 모습을 발견했어요. 오직 인간만이 할 수 있다고 생각한 일들이죠. 엄청난 발견입니다. 침팬지는 생각보다 우리와 훨씬 더 가까운 친척이었죠.

어느 날 프루에츠 팀이 관찰하던 침팬지 무리가 사냥꾼들에게 겁먹어서 생후 9개월 된 새끼를 남겨 두고 떠난 일이 있습니다. 프루에츠는 현장으로 달려가 새끼 침팬지를 밤새 간호했어요. 이튿날 새끼를 어미에게 돌려주는 일은 아주 조심스러웠습니다. "우리는 새끼를 포대에 넣은 채 적당한 장소에 두고 떠났다. 우리가 새끼를 데리고 있는 걸 보고 침팬지 무리가 우리를 공격할 가능성이 있었기 때문이다." 라고 기록한 대목에서 저는 옛날에 동생들과 거실 창문으로 구경한 둥지 속 파란 알들이 떠올랐어요. 어머니는 어미 새가 우리를 포식자로 보고 알들을 버릴 수도 있으니 가까이 가지 말라고 경고했었죠.

프루에츠 팀이 포대를 가져다 놓고 물러났지만 겁먹은 새끼 침팬지는 꼼짝도 하지 않았습니다. 가족을 부르지도 못했지요. 결국 프루에츠 팀은 침팬지 무리가 먹이를 먹는 무화과나무 근처까지 다가가 포대를 두고 멀리서 지켜봤어요.

그러자 어린 침팬지 한 마리가 나무에서 내려와 새끼 침팬지를 확인했어요. 새끼는 그 침팬지와 프루에츠 팀을 번갈아 봤죠. 어린 침팬지는 새끼의 냄새를 맡더니 새끼를 나무 위로 데리고 올라갔고, 마침내 새끼는 어미와 재회했습니다. 프루에츠는 이렇게 썼어요.

어미와 재회하기 직전인
생후 9개월 새끼 침팬지 티아.

"그날 내내 지켜봤는데 새끼는 잘 지내는 것 같았다. 어미젖을 먹고 어미와 조금 놀기까지 했다. 어미는 새끼를 품에서 잠시도 떼어 놓지 않았다!"

우리가 동물을 대하는 방식은 우리의 인간성을 보여 줍니다. 새끼 침팬지 한 마리를 어미 침팬지에게 돌려주는 일은 사소해 보일 수 있지만, 모두가 본받을 만한 일이라고 생각합니다. 지구에서 동물들과 더불어 살아가는 이웃으로서 우리는 최소한의 도리를 해야 합니다.

나오며

2019년, 스웨덴의 16살 여성 청소년이 저를 포함한 전 세계 사람의 이목을 끌었습니다. '청소년 기후 파업'이라고 적힌 포스터를 들고 스톡홀름 의회 밖에서 홀로 서 있던 그레타 툰베리입니다. 툰베리는 기후 변화가 지구에 미치는 해로운 영향을 알고부터 기후 행동에 헌신했어요. 그의 1인 시위는 전 세계 160만 명을 '기후 변화 대응 촉구 시위'로 이끌었죠.

앳된 청소년이 유엔 기후 변화 협약과 세계 경제 포럼에서 당차게 연설하는 모습에 사람들은 감탄을 아끼지 않았습니다. 툰베리는 쏟아지는 관심이나 유명세에 신경 쓰지 않고 기후 변화를 되돌리는 일에만 전념했지요. 사람들은 툰베리에게서 또 다른 특이점을 발견했습니다. 늘 딱딱한 말투를 쓰고, 눈을 잘 마주치지 않고, 메시지를 전하는 데 온전히 집중한다는 점이었죠. 툰베리의 강렬한 외침은 청중을 휘어잡았습니다.

그레타 툰베리는 자폐 스펙트럼 장애를 가졌습니다.

그레타 툰베리는 환경에 관심이 많은 젊은 세대가 기후 변화 문제에 맞서도록 영향을 끼쳤습니다.

저보다는 가벼운 자폐증인 아스퍼거 증후군을 진단받았죠. 툰베리는 자신이 환경 운동가로서 성공한 원인 가운데 하나가 자폐증이라고 말합니다. 툰베리에게 세상은 흑과 백으로 나뉜다고 합니다. 타협이 없죠. 그는 "생존이 걸린 문제에 회색지대는 없습니다."라고 말했습니다. 또한 자신의 상황에 대해 "남들과 다른 것은 약점이 아닙니다. 여러모로 힘이 됩니다. 남들보다 눈에 잘 띄기 때문입니다."라고 말했습니다.

지구 환경이 위기에 처했다는 과학적 증거는 차고 넘칩니다. 자연계의 한 면만 들여다봐도 기후 변화가 우리 주변에 어떤 영향을 미치고 있는지 알 수 있죠. 곤충을 예로 들까요? 우리가 먹는 작물의 3분의 1을 수분하는 곤충은 지난 27년 동안 75퍼센트 줄었습니다. 제왕나비는 20년 동안 90퍼센트 줄었고, 호박벌은 87퍼센트 줄었죠.

일부 과학자들은 이 현상을 곤충 아마겟돈이라고 부릅니다. 마치 게임 이름처럼 들리지만 기후 변화, 살충제, 목초지 손실로 인한 심각한 현실입니다. 세계 식량 공급을 당장 위협하는 문제죠. 벌과 나비 등 꽃가루를 옮기는 곤충을 늘리는 하나의 방법은 다양한 식물과 꽃을 심는 것입니다. 인간들이 상품 가치가 높은 일부 농작물만 재배했기 때문에 벌과 나비들이 서식지와 먹이 둘 다 잃었을 가능성이 크거든요. 드넓은 아몬드밭이나 옥수수밭에 약간의 땅을 남겨 벌과 나비를 위한 생태계를 만들면 아마 농작물 수확량이 늘어날 거예요. 저는 이처럼 땅과 사람 모두에게 유익한 해결책을 찾는 걸 좋아합니다.

지난여름, 동물 행동 콘퍼런스에 참석했을 때의 일입니다. 한참 돌아다니다가 다리가 아파서 잠시 건물 밖 계단에 앉았어요. 주변에 바쁘게 움직이는 벌들이 눈에 띄더군요.

이른 오후였고, 한구석 버려진 땅에 야생화와 나팔꽃이 활짝 피어 있었어요. 흰색과 노란색 나방들이 팔랑팔랑 오가며 꽃을 수분시켰고, 또 다른 쪽 두 울타리 사이에서는 보라색 샐비어꽃이 수많은 꿀벌과 말벌을 끌어들이고 있었죠. 어느새 활기를 띤 세상이 제 눈앞에 펼쳐져 있었어요. 만약 해 질 무렵에 봤다면 꽃들은 입을 다물고 그 모든 광경은 막을 내린 뒤였을 거예요. 저는 짧은 시간 동안 한 뙈기 방치된 땅에서 벌어지는 광란의 수분 활동을 목격한 것이죠.

저는 차를 운전해 공항에 갈 때마다 도로변에 있는 거대한 흙더미를 봅니다. 도로와 다리 건설에 사용하려고 쌓아 놓은 재료인데, 무척 거대해서 저절로 눈이 가죠. 어느 날 집에 가는 길에 보니 그 흙더미에 녹색 새싹들이 돋아나 있더군요. 그리고 여름 내내 오며 가며 볼 때마다 흙더미는 점점 더 푸르러졌어요. 저는 그걸 보며 지구와 모든 생물 사이의 관계, 그리고 생물의 자생력에 대해 생각하게 됐습니다.

30여 년 전, 우크라이나 체르노빌에서 사상 최악의 원전 폭발 사고가 일어났습니다. 모든 주민이 대피했고, 나무들이 방사능에 피폭되어 붉게 변한 지역은 붉은 숲이라고 불렸죠. 인간이 더는 살 수 없게 된 그곳에 놀랍게도 야생 동물들이 돌아오고 있다고 합니다. 곰, 무스, 여우, 스라소니, 비버, 물고기, 벌레, 물속 박테리아까지 나타났죠. 이는 동물이 번성할 수 있는 깨끗한 물과 식량이 있다는 증거입니다. 한때 죽었던 지역이 되살아나고 있는 것이죠. 사진가 조나단 지메네즈는 식물이 버려진 건물들을 뒤덮은 모습들을 사진집 『자연의 산물: 자연이 되찾다』에 담았습니다. 때로는 인간이 버린 장소들을 자연이 되찾은 모습을 발견할 수 있어요. 낙엽, 이끼, 모래, 식물에 뒤덮인 채 비바람에 풍화되어 가는 학교, 호텔, 기차, 롤러코스터 등을 볼 수 있죠. 최근에 저는 15년 동안 방치된 공장을 철거하게 된 사람과 이야기를 나눴는데, 그 폐공장은 생명으로 가득 차 있었다고 합니다. 한구석은 수많은 올빼미의 보금자리가 되어 있었지요. 이처럼 자연은 되돌아오고, 생명은 다시 싹틉니다.

제 경험상 세상에 참여하는 가장 좋은 방법은 프로젝트를 수행하는 것입니다. 제가 어린 시절부터 지금까지 한 모든 활동과 작업은 사물이 어떻게 작동하는지, 어떻게 하면 우리와 동물의 삶, 환경이 나아질지 알아내려고 직접 뛰어드는 것에서 시작했어요. 그래서 저는 오늘날 진행되는 시민 과학 프로젝트들에 열광한답니다. 교수나 전문가가 아니어도 환경을 생각하는 사람이면 누구나 참여해 자기 지역의 새부터 벌레에 이르기까지, 모든 것에 관한 정보를 공유할 수 있어요.

매년 2월 셋째 주에 전 세계 사람들이 자기 지역 새에 대해 보고하는 '위대한 뒤뜰의 새 조사(Great Backyard Bird Count)'가 이뤄집니다. 개구리에 관한 정보를 공유하는 '미국 개구리 관찰(FrogWatch USA)'도 있어요. 어떤 사람들은 무당벌레에 관한 정보를 나눈답니다. 개구리와 무당벌레의 개체 수는 지난 20년간 감소해 왔습니다. 어떤 시민 과학자 그룹은 개구리와 무당벌레를 발견할 때마다 공공 데이터베이스에 사진을 올립니다. 어떤 그룹은 박테리아를 검사하기 위해 물 표본을 수집하고, 또 어떤 그룹은 수은 오염도를 분석하기 위해 잠자리 유충을 수집합니다. 제가 사는 콜로라도주 포트콜린스에서는 '토박이 벌 감시(Native Bee Watch)'라는 시민 과학자 그룹이 벌의 다양성에 대한 데이터를 수집합니다. 벌은 꽃가루를 옮기는 곤충으로 과일과 채소를 포함해 세계 농작물의 35퍼센트를 수분합니다. 과거와 비교해 벌의 개체 수는 약 40퍼센트 줄었습니다. 우리는 지금 무슨 일이 일어나고 있는지 알아야 합니다. 시민 과학자들이 그 임무에 나서고 있는 것입니다.

위대한 자연학자 로저 토리 피터슨은 많은 사람에게 자연에 대해 알려 주는 것이 환경 문제를 해결하는 가장 좋은 방법이라고 말했습니다. 저는 모든 어린이와 청소년이 자연을 접하는 순간이 신기함과 재미로 가득 차길 바랍니다. 제가 어릴 때 느낀 것처럼요. 그런 경험들이 어떻게 탐구심을 일깨웠는지 이 책에 담으려고 노력했어요. 여러분이 이 책을 통해 동물학이나 지질학, 연륜연대학 분야에 흥미를 느꼈으면 좋겠습니다. 자연을 가까이서 관찰하면서 하천을 되살리는 법, 빙산이 녹는 속도를 늦추는 법, 땅벌이 사라지지 않게 하는 법을 생각해 보길 바랍니다. 우리의 아름다운 지구를 보호하려면 야외에서 연구하는 과학자가 더 많이 필요합니다. 제 인생에 의미를 준 것은 과학 자체가 아니에요. 사람들이 과학을 이용해 문제를 해결하도록 돕는 일이었죠. 자신이 배운 것으로 더 나은 세상을 만드는 일에는 의미가 있습니다. 모든 것은 관찰에서 시작합니다. 남들이 그냥 지나치는 것을 자세히 들여다보세요.

감사의 말

이 책을 만드는 데 도움을 준 분들에게 감사를 전합니다. 크리스타 알버그, 탈리아 베나미, 웬디 도프킨, 마크 그리나발트, 켄턴 호파스, 비비언 커클린, 셰릴 밀러, 질 산토폴로, 모니크 스털링, 마린다 발렌티에게 감사합니다.

참고 문헌

60 Minutes Australia, "Extra Minutes: Interview with Dr. Ed Stone." YouTube, 2013.08.04. youtube.com/watch?v=vJ1sKKQQKQc

Alan Basinet, "Marble Alan's Encyclopedia Marble Reference Archive!"

Alan Taylor, "The 1939 New York World's Fair." *The Atlantic*, 2013.11.01. theatlantic.com/photo/2013/11/the-1939-new-york-worlds-fair/100620

Alasdair Wilkins, "How NASA Fights to Keep Dying Spacecraft Alive." *Scientific American*, 2016.10.24. scientificamerican.com/article/how-nasa-fights-to-keep-dying-spacecraft-alive

Alfred J. Godin, "Birds at Airports." *The Handbook: Prevention and Control of Wildlife Damage 56*, 1994.01. digitalcommons.unl.edu/icwdmhandbook/56

Alvaro Jaramillo, "Understanding the Basics of Bird Molts." Audubon, 2017.11.16. audubon.org/news/understanding-basics-bird-molts

Amy Bucci, "Explorer of the Week: Jill Pruetz." *Explorer's Journal*, 2012.10.18.

Andrea Conley, *Window on the Deep: The Adventures of Underwater Explorer Sylvia Earle*, New York: Franklin Watts 1991.

Andrew Alden, "10 Steps for Easy Mineral Identification." *ThoughtCo.*, 2019.09.05. thoughtco.com/how-to-identify-minerals-1440936

Andy Goldsworthy, *Projects*, New York: Abrams 2017.

Anna Azvolinsky, "Singing in the Brain." *The Scientist*, 2017.03.01.

Anna Diamond, "Why Are Starfish Shaped Like Stars and More Questions from Our Readers." *Smithsonian Magazine*, 2019.01. smithsonianmag.com/smithsonian-institution/why-starfish-shaped-stars-180971008

Anna Kusmer, "New England Is Crisscrossed with Thousands of Miles of Stone Walls." Atlas Obscura, 2018.05.04. atlasobscura.com/articles/new-england-stone-walls

Anna Powers, "The Theory of Everything: Remembering Stephen Hawking's Greatest Contribution." *Forbes*, 2018.03.14.

Anne Barnard, "How a Rooftop Meadow of Bees and Butterflies Shows New York City's Future." *The New York Times*, 2019.10.26.

Annie Mulligan, "How to Tell the Age of a Tree Without Cutting It Down." Hunker. hunker.com/12001364/how-to-tell-the-age-of-a-tree-without-cutting-it-down

Auction Central News, "Big Audubon Prints Soar to a Market High." 2010.11.22. liveauctioneers.com/news/features/freelancewriter/big-audubon-prints-soar-to-a-market-high

Audubon.org, "John James Audubon." audubon.org/content/john-james-audubon

B. F. Skinner, *Particulars of My Life*, New York: Knopf 1976.

BBC News, "The Day That Stephen Hawking Soared Like Superman." 2018.03.17. bbc.com/news/in-pictures-43430023

Bob King, "How to See and Photograph Geosynchronous Satellites." *Sky and Telescope*, 2017.09.20.

Brad Matsen, *Jacques Cousteau: The Sea King*, New York: Vintage 2009.

Brian Handwerk, "How Accurate Is Alpha's Theory of Dog Domestication?" *Smithsonian Magazine*, 2018.08.15. smithsonianmag.com/science-nature/how-wolves-really-became-dogs-180970014

Brian Hare and Vanessa Woods, *The Genius of Dogs: How Dogs Are Smarter Than You Think*, New York: Dutton 2013(한국어판 『개는 천재다』, 김한영 옮김, 디플롯 2022)

Brooke Jarvis, "The Insect Apocalypse Is Here." *The New York Times Magazine*, 2018.11.27.

Bryan Nelson, "What Can 28,000 Rubber Duckies Lost at Sea Tell Us About Our Oceans?" MNN, 2011.03.01.

Carey Benedict, "Alex, a Parrot Who Had a Way with Words, Dies." *The New York Times*, 2007.09.10.

Carl Sagan, *Cosmos*, New York: Random House 1980(한국어판 『코스모스』, 홍승수 옮김, 사이언스북스 2006).

Carl Sagan, *Murmurs of Earth: The Voyager Interstellar Record*, New York: Random House 1978(한국어판 『지구의 속삭임』, 김명남 옮김, 사이언스북스 2016).

Carolyn Battista, "Stone Walls, Clues to a Very Deep Past." *The New York Times*, 1998.09.27.

Charles Darwin, *On the Origin of Species*, New York: Modern Library

1998(한국어판 『종의 기원』, 장대익 옮김, 사이언스북스 2020). (초판은 1859년에 출판되었다.)

Charles Fishman, "The Improbable Story of the Bra-maker Who Won the Right to Make Astronaut Spacesuits." *Fast Company*, 2019.07.15. fastcompany.com/90375440/the-improbable-story-of-the-bra-maker-who-won-the-right-to-make-astronaut-spacesuits

Chris Pellant, *Rocks and Minerals*, London: DK 1992.

Christopher J. Rhodes, "Plastic Pollution and Potential Solutions." *Science Progress 101*, no. 3, 2018, 207~260면.

Christopher J. Rhodes, "Pollinator Decline—An Ecological Calamity in the Making?" *Science Progress 101*, no. 2, 2018, 121~160면.

Christopher Surridge, "Leaves by Number." *Nature 426*, 2003, 237면.

Claudia Dreifus, "A Conversation with Erich Jarvis: A Biologist Explores the Minds of Birds That Learn to Sing." *The New York Times*, 2003.01.07.

Claudia Dreifus, "Life and the Cosmos, Word by Painstaking Word." *The New York Times*, 2011.05.09.

Colin Tudge, *The Tree: A Natural History of What Trees Are, How They Live, and Why They Matter*, New York: Three Rivers 2007.

Cool Cosmos, "What Is the Size of a Comet?" coolcosmos.ipac.caltech.edu/ask/182-What-is-the-size-of-a-comet-

Curtis Ebbesmeyer and Eric Scigliano, *Flotsametrics and the Floating World*, Washington, D.C.: Smithsonian 2009.

Curtis Ebbesmeyer, "Beachcombing Science from Bath Toys." Beachcombers' Alert! beachcombersalert.org/RubberDuckies.html

D. Goulson 외, "Bee Declines Driven by Combined Stress from Parasites,

Pesticides, and Lack of Flowers." *Science 347*, no. 6229, 2015, 1255957.

Dale Peterson, *Jane Goodall: The Woman Who Redefined Man*, New York: Houghton Mifflin 2006(한국어판 『제인 구달 평전』, 박연진 외 옮김, 지호 2010).

Dan Green, *Rocks and Minerals*, New York: Scholastic 2013.

Dan Green, *The Smithsonian Rock and Gem Book*, New York: DK 2016.

Daniel W. Bjork, *B. F. Skinner: A Life*, New York: Basic 1993.

Dave Mosher, "Elon Musk Says SpaceX Could Land on the Moon in 2 Years." *Business Insider*, 2019.07.24. businessinsider.com/spacex-elon-musk-moon-landing-nasa-cfo-jeff-dewit-2019-7

David Allen Sibley, *The Sibley Guide to Bird Life and Behavior*, New York: Knopf 2000.

David Attenborough, *The Life of Birds*, Princeton, N.J.: Princeton University Press 1998.

David B. Williams, "Benchmarks: September 30, 1861: Archaeopteryx Is Discovered and Described." *Earth*, 2011.09.02.

David Breashears and Audrey Salkeld, *Last Climb: The Legendary Everest Expeditions of George Mallory*, New York: National Geographic 1999.

David Burnie, *How Nature Works*, New York: DK 1991.

David Grimm, "Earliest Evidence for Dog Breeding Found on Remote Siberian Island." *Science*, 2017.12.08. science.org/content/article/earliest-evidence-dog-breeding-found-remote-siberian-island

David H. DeVorkin and Robert W. Smith, *Hubble: Imaging Space and Time*, Washington, D.C.: National Geographic 2013.

David H. Levy, *Shoemaker by Levy: The Man Who Made an Impact*,

Princeton, N.J.: Princeton University Press 2000.

David King, *Charles Darwin*, London: DK 2007.

Dennis Overbye, "Stephen Hawking Dies at 76; His Mind Roamed the Cosmos." *The New York Times*, 2018.03.14.

Dinitia Smith, "A Thinking Bird or Just Another Bird Brain?" *The New York Times*, 1999.10.09.

Donald J. McGraw, "Andrew Ellicott Douglass and the Big Trees: The Giant Sequoia Was Fundamental to the Development of the Science of Dendrochronology—Tree-Ring Dating." *American Scientist*, 2000.09~10.

Donovan Hohn, *Moby-Duck: The True Story of 28,800 Bath Toys Lost at Sea and of the Beachcombers, Oceanographers, Environmentalists, and Fools, Including the Author, Who Went in Search of Them*, New York: Penguin 2012.

Douglas Main, "Most People Believe Intelligent Aliens Exist, Poll Says." *Newsweek*, 2015.09.29. newsweek.com/most-people-believe-intelligent-aliens-exist-377965

Douglas Main, "Why Insect Populations Are Plummeting and Why It Matters." *National Geographic*, 2019.02.14.

Edward O. Wilson, *Naturalist*, New York: Warner 1995(한국어판 『자연주의자』, 이병훈 옮김, 사이언스북스 1996).

Elizabeth Marshall Thomas, *The Hidden Life of Dogs*, Boston: Mariner 2010(한국어판 『개와 함께한 10만 시간』, 정영문 옮김, 해나무 2021).

Elizabeth Pennisi, "Three Billion North American Birds Have Vanished Since 1970, Surveys Show." *Science*, 2019.09.19.

Emily Spivack, "What Did Playtex Have to Do with Neil Armstrong?" *Smithsonian Magazine*, 2012.08.27. smithsonianmag.com/arts-culture/what-did-playtex-have-to-do-with-neil-armstrong-16588944

Encyclopaedia Britannica, "Geode." britannica.com/science/geode

Encyclopaedia Britannica, "Horseshoe Crab." britannica.com/animal/horseshoe-crab

Encyclopaedia Britannica, "Johann Rudolf Wyss." 2020.03.17. britannica.com/biography/Johann-Rudolf-Wyss#ref185179

Encyclopaedia Britannica, "Johnny Appleseed." 2020.03.16. britannica.com/biography/John-Chapman

Encyclopaedia Britannica, "Mohs Hardness." britannica.com/science/Mohs-hardness

Erich D. Jarvis, "Evolution of Vocal Learning and Spoken Language." *Science 366*, no. 6461, 2019, 50~54면.

Famous Scientists, "Eugene Shoemaker." famousscientists.org/gene-shoemaker

Francis Horne, "How Are Seashells Created? Or Any Other Shell, Such as a Snail's or a Turtle's?" *Scientific American*, 2006.10.23. scientificamerican.com/article/how-are-seashells-created

Frans de Waal, "Darwin's Last Laugh." *Nature 460*, 2009.07.09. 175면.

Frans de Waal, "The Brains of the Animal Kingdom." *Wall Street Journal*, 2013.03.22. wsj.com/articles/SB100014241278873238696045783705742853 82756

Frans de Waal, *Are We Smart Enough to Know How Smart Animals Are?*, New York: W. W. Norton 2017(한국어판 『동물의 생각에 관한 생각』, 이충호 옮김, 세종서적 2017).

Frans de Waal, *Mama's Last Hug: Animal Emotions and What They Tell Us About Ourselves*, New York: W. W. Norton 2019(한국어판 『동물의 감정에 관한 생각』, 이충호 옮김, 세종서적 2019).

Gareth Huw Davis, "Parenthood." PBS. pbs.org/lifeofbirds/home/index. html

Geoff Andersen, *The Telescope: Its History, Technology and Future*, Princeton, N.J.: Princeton University Press 2007.

Geoff Wadge, "George Walker." *The Guardian*, 2005.02.21.

George Johnson, "Alex Wanted a Cracker, but Did He Want One?" *The New York Times*, 2007.09.16.

Gerald Jonas, "Jacques Cousteau, Oceans' Impresario, Dies." *The New York Times*, 1997.06.26. nytimes.com/1997/06/26/world/jacques-cousteau-oceans-impresario-dies.html

Globe at Night, "Six Easy Star Hunting Steps." National Optical Astronomy Observatory: Globe at Night.

Glynis Ridley, *The Discovery of Jeanne Baret: A Story of Science, the High Seas, and the First Woman to Circumnavigate the Globe*, New York: Crown 2010.

Gregory A. Petsko, "The Blue Marble." *Genome Biology 12*, no. 4, 2011.04.

Guy Gugliotta, "Historic Voyager Mission May Lose Its Funding." *Washington Post*, 2005.04.04.

H. A. Weaver, "The Activity and Size of the Nucleus of Comet Hale-Bopp (C/1995 O1)." *Science 275*, no. 5308, 1997.03.28., 1900~1904면.

Hal H. Harrison, *A Field Guide to Western Birds' Nests: Of 520 Species Found Breeding in the United States West of the Mississippi River*, Boston: Houghton Mifflin 1979.

Heather Libby, "It's the Hubble Telescope's Most Famous Image. Here's How It Almost Didn't Happen." Upworthy, 2016.08.12.

Hugh Torrens, "Presidential Address: Mary Anning (1799-1847) of Lyme; 'The Greatest Fossilist the World Ever Knew.'" *The British Journal for the History of Science 28*, no. 3, 1995, 257~284면. jstor.org/stable/4027645

I. Martínez, F. Jutglar and E.F.J. Garcia, "King Penguin (*Aptenodytes patagonicus*)." Cornell Lab of Ornithology: Birds of the World. birdsoftheworld.org/bow/species/kinpen1/cur/introduction

International Dark-Sky Association, "Light Pollution." 2017.02.14. darksky.org/light-pollution

Irene M. Pepperberg, *Alex & Me*, New York: Harper 2008(한국어판 『알렉스와 나』, 박산호 옮김, 꾸리에 2009).

J. H. Boyle, H. J. Dalgleish and J. R. Puzey, "Monarch Butterfly and Milkweed Declines Substantially Predate the Use of Genetically Modified Crops." *Proceedings of the National Academy of Sciences 116*, no. 8, 2019, 3006~3011면.

James Donavan, *Shoot for the Moon*, New York: Little, Brown 2019.

James Webb Space Telescope, "Webb vs Hubble Telescope." NASA. jwst.nasa.gov/content/about/comparisonWebbVsHubble.html

Jane Goodall and Phillip Berman, *Reason for Hope*, New York: Hachette 1999(한국어판 『희망의 이유』, 박순영 옮김, 궁리 2011).

Jane Goodall, *Hope for Animals and Their World*, New York: Grand Central 2009(한국어판 『희망의 씨앗』, 홍승효·장현주 옮김, 사이언스북스 2014).

Jane Goodall, *In the Shadow of Man*, New York: Mariner 2010(한국어판

『인간의 그늘에서』, 최재천·이상임 옮김, 사이언스북스 2001).

Jared Edward Reser, "Solitary Mammals Provide an Animal Model for Autism Spectrum." *Journal of Comparative Psychology 128*, no. 1, 2002.02., 99~113면. psycnet.apa.org/buy/2013-38545-001

Jeffrey Bennett 외, *The Cosmic Perspective: The Solar System*, San Francisco: Addison Wesley, 2007(한국어판 『우주의 본질』, 김용기 외 옮김, 시그마 프레스 2015).

Jennifer Ackerman, *The Genius of Birds*, New York: Penguin, 2016(한국어판 『새들의 천재성』, 김소정 옮김, 까치 2017).

Jennifer Kennedy, "All About the Jingle Shell." *ThoughtCo.*, 2019.05.20. thoughtco.com/jingle-shell-profile-2291802

Jessica Gelt, "The $8 Million Audubon Book About Birds, and the Amazing Story Behind It." *Los Angeles Times*, 2018.05.31.

Jet Propulsion Laboratory, "Dr. Edward C. Stone (1936-)." California Institute of Technology, NASA. jpl.nasa.gov/who-we-are/faces-of-leadership-the-directors-of-jpl/dr-edward-c-stone-1936

Jet Propulsion Laboratory, "History & Archives." California Institute of Technology, NASA. jpl.nasa.gov/about/history.php

Jet Propulsion Laboratory, "NASA Spacecraft Embarks on Historic Journey into Interstellar Space." California Institute of Technology, NASA, 2013.09.12. jpl.nasa.gov/news/news.php?release=2013-277

Jet Propulsion Laboratory, "Shaw Prize in Astronomy Awarded to Ed Stone." California Institute of Technology, NASA, 2019.05.22.

Jill Pruetz, "Rescued Fongoli Chimp Baby Reunited with Her Mother." *NatGeo News Watch*, 2009.01.29.

Jim Robbins, "Chronicle of the Rings." *The New York Times*, 2019.04.20.

Jim Robbins, *The Wonder of Birds*, New York: Spiegel & Grau 2017.

Joe Atkinson, "From Computers to Leaders: Women at NASA Langley." NASA, 2014.03.27. nasa.gov/larc/from-computers-to-leaders-women-at-nasa-langley

Johann Wyss, *The Swiss Family Robinson*, New York: Doubleday 1989(한국어판 『로빈슨 가족의 모험』, 조한중 옮김, 현대지성사 2003). (초판은 1812년에 출판되었다.)

John Bohannon, "Sunflowers Show Complex Fibonacci Sequences." *Science*, 2016.05.17.

John P. Rafferty, "Mary Anning." *Encyclopaedia Britannica*, 2020.03.05. britannica.com/biography/Mary-Anning

John Schwartz, "Decline of Pollinators Poses Threat to World Food Supply." *The New York Times*, 2016.02.26.

John W. Pilley, *Chases: Unlocking the Genius of a Dog Who Knows a Thousand Words*, New York: Houghton Mifflin Harcourt 2013.

Jon di Paolo, "Crew Capsule Designed to Take US Astronauts Back to Moon Completed." *The Independent*, 2019.07.21. independent.co.uk/news/world/americas/moon-mission-nasa-apollo-11-artemis-orion-kennedy-center-a9014031.html

Jonathan Rosen, "The Difference between Bird Watching and Birding." *The New Yorker*, 2011.10.17.

Jordana Cepelewicz, "In Birds' Songs, Brains and Genes, He Finds Clues to Speech." *Quanta Magazine*, 2018.01.30.

Joseph R. Chambers, *Concept to Reality: Contributions of the NASA Langley Research Center to U.S. Civil Aircraft of the 1990s*, Report No. SP-2003-4529, Yorktown, VA: NASA 2003. history.nasa.gov/

monograph29.pdf

Julia Jacobo, "Nearly 40% Decline in Honey Bee Population Last Winter 'Unsustainable,' Experts Say." *ABC News*, 2019.07.09. abcnews. go.com/US/40-decline-honey-bee-population-winter-unsustainable-experts/story?id=64191609

Julia Rothman, *Nature Anatomy: The Curious Parts and Pieces of the Natural World*, North Adams, M.A.: Storey 2015(한국어판 『자연해부도감』, 이경아 옮김, 더숲 2016).

Justine Hand, "Summertime DIY: Pressed Seaweed Prints." *Gardenista*, 2019.06.28. gardenista.com/posts/pressed-seaweed-prints

Kara Lavender Law, "Plastics in the Environment." *Annual Review of Marine Science 9*, 2017, 205~229면

Kathleen Krull, *Charles Darwin*, New York: Viking 2010(한국어판 『다윈 진화론으로 생명의 신비를 밝히다』, 양진희 옮김, 초록개구리 2015.)

Keay Davidson, *Carl Sagan: A Life*, New York: John Wiley & Sons 1999.

Keller Breland and Marian Breland, "The Misbehavior of Organisms." *American Psychologist 16*, 1961, 681~684면.

Kim Tingley, "The Loyal Engineers Steering NASA's Voyager Probes Across the Universe." *The New York Times*, 2017.08.03.

Larry D. Agenbroad and Rhodes W. Fairbridge, "Holocene Epoch." *Encyclopaedia Britannica*. britannica.com/science/Holocene-Epoch

Laura R. Botique 외, "Ancient European Dog Genomes Reveal Continuity Since the Early Neolithic." *Nature Communications 16082*, 2017.

Lauren Stowell, "The 18th Century Dog." *American Duchess*(블로그), 2010.02.17. blog.americanduchess.com/2010/02/18th-century-dog.

html

Laurent A. F. Frantz 외, "Genomic and Archaeological Evidence Suggest a Dual Origin of Domestic Dogs." *Science 352*, 2016. 1228~1231면.

Library of Congress, "How Does A Stone 'Skip' Across Water?" loc.gov/rr/scitech/mysteries/stoneskip.html

Linda Lear, *Rachel Carson: Witness for Nature*, New York: Henry Holt 1997(한국어판 『레이철 카슨 평전』, 김홍옥 옮김, 샨티 2004).

Lisa Mason and H. S. Arathi, "Assessing the Efficacy of Citizen Scientists Monitoring Native Bees in Urban Areas." *Global Ecology and Conservation 17*, 2019.01.

Lisa-Ann Gershwin, *Jellyfish: A Natural History*, Chicago: University of Chicago Press 2016.

Lyme Regis.org, "Lyme Regis Fossils." lymeregis.org/fossils.aspx

LymeRegis.org, "Mary Anning." lymeregis.org/mary-anning.aspx

Lynn Buzhardt, "Search and Rescue Dogs." VCA Hospitals. vcahospitals.com/know-your-pet/search-and-rescue-dogs

Maddie Burakoff, "Decoding the Mathematical Secrets of Plants' Stunning Leaf Patterns." *Smithsonian Magazine*, 2019.06.04.

Margalit Fox, "Gary Dahl, Inventor of Pet Rock, Dies at 78." *The New York Times*, 2015.03.31.

Margaret Hynes, *Rocks and Fossils*, Boston: Kingfisher 2006.

Margot Lee Shetterly, *Hidden Figures: The American Dream and the Untold Story of the Black Women Mathematicians Who Helped Win the Space Race*, New York: William Morrow 2016(한국어판 『히든 피겨스』, 고정아 옮김, 동아엠앤비 2017).

Maria Temming, "Tiny Plastic Debris Is Accumulating Far beneath the

Ocean Surface." *Science News*, 2019.06.06.

Mark Barrow, *A Passion for Birds*, Princeton, N.J.: Princeton University Press 1998.

Matt Soniak, "Why Do Shells Sound Like the Ocean?" *Mental Floss*, 2009.09.20.

Meghan Bartels, "The Unbelievable Life of the Forgotten Genius Who Turned Americans' Space Dreams into Reality." *Business Insider*, 2016.08.22. businessinsider.com/katherine-johnson-hidden-figures-nasa-human-computers-2016-8

Melissa Petruzzello, "Can Apple Seeds Kill You?" *Encyclopaedia Britannica*. britannica.com/story/can-apple-seeds-kill-you

Michael McCarthy, "World's Greatest Birdwatcher Sets a New Record— Then Hangs Up His Binoculars." *The Independent*, 2012.10.15.

Michael Pollan, *The Botany of Desire*, New York: Random House 2001(한국어판 『욕망하는 식물』, 이경식 옮김, 황소자리 2007).

Michelle Green, "Stephen Jay Gould." *People*, 1986.06.02. people.com/archive/stephen-jay-gould-vol-25-no-22

N. Vanderhoff 외, "American Robin (*Turdus migratorius*)." The Cornell Lab of Ornithology: Birds of the World, 2020.03.04.

Nadia Drake, "When Hubble Stared at Nothing for 100 Hours." *National Geographic*, 2015.04.24.

NASA, "Katherine Johnson: The Girl Who Loved to Count." 2015.11.24. nasa.gov/feature/katherine-johnson-the-girl-who-loved-to-count

NASA, "Sputnik 1." 2011.10.04. nasa.gov/multimedia/imagegallery/image_feature_924.html

NASA, "Sputnik and the Dawn of the Space Age." history.nasa.gov/

sputnik

NASA, "What Is Artemis?" 2019.07.25. nasa.gov/what-is-artemise

NASA Science, "The Physics of Sandcastles." NASA, 2002.07.11. science.
nasa.gov/science-news/science-at-nasa/2002/11jul_mgm

NASA Science Space Place, "How Do Hurricanes Form?" NASA,
2019.12.04. spaceplace.nasa.gov/hurricanes/en

National Gallery of Art, "John James Audubon." nga.gov/collection/artist-
info.122.html

National Geographic, "Fossil." nationalgeographic.org/encyclopedia/fossil

National Geographic, "Starfish (Sea Stars)." nationalgeographic.com/
animals/invertebrates/group/starfish

National Geographic Kids, "Starfish Facts!" natgeokids.com/uk/discover/
animals/sea-life/starfish-facts

National Geographic Society, *Illustrated Guide to Nature: From Your
Back Door to the Great Outdoors: Wildflowers, Trees & Shrubs, Rocks &
Minerals, Weather, Night Sky*, New York: National Geographic 2013.

National Oceanic and Atmospheric Administration, "How Does Sand
Form?" oceanservice.noaa.gov/facts/sand.html

National Wildlife Federation, "Horseshoe Crab." nwf.org/Educational-
Resources/Wildlife-Guide/Invertebrates/Horseshoe-Crab

Nautilus Live, "Robert D. Ballard." nautiluslive.org/people/robert-d-
ballard

Neil Degrasse Tyson, *Astrophysics for People in a Hurry*, New York: W. W.
Norton 2018(한국어판 『날마다 천체 물리』, 홍승수 옮김, 사이언스
북스 2018).

Nicholas de Monchaux, *Space Suit: Fashioning Apollo*, Cambridge, Mass.:

MIT Press 2011.

Nicholas Gerbis, "How Are Crystals Made?" HowStuffWorks.com, 2013.03.13. science.howstuffworks.com/environmental/earth/geology/how-are-crystals-made.htm

Nicholas St. Fleur, "Colorado Fossils Show How Mammals Raced to Fill Dinosaurs' Void." *The New York Times*, 2019.10.24. nytimes.com/2019/10/24/science/fossils-mammals-dinosaurs-colorado.html

Nick Stockton, "The Mysterious Genetics of the Four-Leaf Clover." *Wired*, 2015.03.17. wired.com/2015/03/mysterious-genetics-four-leaf-clover

Pallab Ghosh, "Hawking Urges Moon Landing to 'Elevate Humanity.'" *BBC News*, 2017.06.20. bbc.com/news/science-environment-40345048

Paul Brown, "The Life-and-Death History of the Message in a Bottle." *Medium*, 2016.09.30. medium.com/@paulbrownUK/the-life-and-death-history-of-the-message-in-a-bottle-65e9dc6bf41f

PD. Smith, "Dinosaur in a Haystack by Stephen Jay Gould—Review." *The Guardian*, 2011.11.15.

Perimeter Institute. "14 Mind-Bogglingly Awesome Facts About the Hubble Deep Field Images." *Inside the Perimeter*, 2020.01.28.

Peter A. Reich, *Language Development*, Englewood Cliffs, N.J.: Prentice-Hall 1986.

Peter Tyson, "Dogs' Dazzling Sense of Smell." *PBS*, 2012.10.04. pbs.org/wgbh/nova/article/dogs-sense-of-smell

Philip Ball, "These Are the Discoveries That Made Stephen Hawking Famous." *BBC*, 2016.01.07. bbc.com/earth story/20160107-these-are-the-discoveries-that-made-stephen-hawking-famous

Pyle, Rod. "Apollo 11's Scariest Moments: Perils of the First Manned

Moon Landing." Space.com, 2014.07.21. space.com/26593-apollo-11-moon-landing-scariest-moments.html

Rachel Carson, *Silent Spring*, New York: Mariner 2002(한국어판 『침묵의 봄』, 김은령 옮김, 에코리브르 2011). (초판은 1962년에 출판되었다.)

Rachel Carson, *Under the Sea-Wind*, New York: Penguin 1996(한국어판 『바닷바람을 맞으며』, 김은령 옮김, 에코리브르 2017). (초판은 1941년에 출판되었다.)

Rachel Carson.org, "The Life and Legacy of Rachel Carson."

Rachel Nuwer, "How to Find a Four-Leaf Clover." *Smithsonian Magazine*, 2014.03.17. smithsonianmag.com/smart-news/how-find-four-leaf-clover-180950114

Richard Hollingham, "Voyager: Inside the World's Greatest Space Mission." *BBC Future*, 2017.08.18. bbc.com/future/article/20170818-voyager-inside-the-worlds-greatest-space-mission

Richard Louv, *Last Child in the Woods*, Chapel Hill, N.C.: Algonquin 2005(한국어판 『자연에서 멀어진 아이들』, 이종인·김주희 옮김, 즐거운상상 2017).

Richard Rhodes, *John James Audubon: The Making of an American*, New York: Knopf 2004.

Rob Garner, "About the Hubble Space Telescope." NASA. nasa.gov/mission_pages/hubble/story/index.html

Rob Lammle, "A Brief History of Marbles (Including All That Marble Slang)." *Mental Floss*, 2015.11.03. mentalfloss.com/article/29486/brief-history-marbles-including-all-marble-slang

Robert Ballard with Will Hively, *The Eternal Darkness: A Personal History of*

Deep Sea Exploration, Princeton, N.J.: Princeton University Press 2000.

Robert K. Musil, *Rachel Carson and Her Sisters*, New Brunswick, N.J.: Rutgers University Press 2014.

Robert Lee Hotz, "An Apollo Spacecraft Computer Is Brought Back to Life." *Wall Street Journal*, 2019.07.14.

Robin McKie, "Rachel Carson and the Legacy of Silent Spring." *The Guardian*, 2012.05.26.

Roger Tory Peterson Institute of Natural History, "Roger Tory Peterson Biography." rtpi.org/roger-tory-peterson/roger-tory-peterson-biography

Romeo Viteli, "What Can Solitary Mammals Teach Us About Autism?" *Psychology Today*, 2014.06.02. psychologytoday.com/us/blog/media-spotlight/201406/what-can-solitary-mammals-teach-us-about-autism

S. C. Stuart, "40 Years of Voyager: A Q&A with Dr. Ed Stone at NASA JPL." *PCMag*, 2017.03.04.

S. Self and R. S. J. Sparks, "George Patrick Leonard Walker." *Biographical Memoirs of Fellows of the Royal Society 52*, 2006, 423~436면.

Sabrina Stierwalt, "How Does Sand Get Its Color?" Quick and Dirty Tips, 2018.01.29. quickanddirtytips.com/education/science/how-does-sand-get-its-color?

Science Friday, "Primatologist Frans de Waal Explores Animal Emotions." 2019.03.15. sciencefriday.com/segments/primatologist-frans-de-waal-explores-animal-emotions

Scott K. Rowland and R. S. J. Sparks, "A Pictorial Summary of the Life and Work of George Patrick Leonard Walker.", *Studies in Volcanology: The Legacy of George Walker*, edited by T. Thordarson, S. Self, G.

Larsen, S. K. Rowland, and Á. Höskuldsson, London: The Geological Society 2009, 371~400면.

Sean Kane, "Most Dog Breeds Emerged from a Shockingly Recent Moment in History." *Business Insider*, 2016.02.25. businessinsider. com/dog-breeds-victorian-england-origins-2016-2

Sharon Gaudin, "NASA's Apollo Technology Has Changed History." *Computerworld*, 2009.07.20. computerworld.com/article/2525898/ nasa-s-apollo-technology-has-changed-history.html

Shelley Emling, *The Fossil Hunter: Dinosaurs, Evolution, and the Woman Who Changed Science*, New York: Griffin 2009.

Simon Barnes, *The Meaning of Birds*, New York: Pegasus 2018.

Smithsonian, *Natural History: The Ultimate Visual Guide to Everything on Earth*, London: DK 2010.

Stephen Hawking, *My Brief History*, New York: Bantam 2013(한국어판 『나, 스티븐 호킹의 역사』, 전대호 옮김, 까치 2013).

Stephen Hawking, *A Brief History of Time*, New York: Bantam 1998(한국 어판 『그림으로 보는 시간의 역사』, 김동광 옮김, 까치 2021).

Stephen Witt, "Apollo 11: Mission Out of Control." *Wired*, 2019.06.24.

Steve Tomecek, *Rocks and Minerals*, Washington, D.C.: National Geographic 2010.

Surfbirds.com, "David Sibley Online." surfbirds.com/Features/sibleyonline. html

Susan W. Kieffer, "Eugene M. Shoemaker." National Academy of Sciences, 2015. nasonline.org/publications/biographical-memoirs/memoir-pdfs/shoemaker-eugene.pdf

Suyin Haynes, "'Now I Am Speaking to the Whole World.' How Teen

Climate Activist Greta Thunberg Got Everyone to Listen." *Time*, 2019.05.16.

Sylvia Earle, "The Lorax Who Speaks for the Fishes." *Radcliffe Quarterly*, 1990.09.

Sylvia Earle, *Blue Hope: Exploring and Caring for Earth's Magnificent Ocean*, Washington, D.C.: National Geographic 2014.

The Art Story, "Andy Goldsworthy—Biography and Legacy." theartstory. org/artist-goldsworthy-andy-life-and-legacy.htm

The Book of Record of the Time Capsule of Cupaloy, New York: Westinghouse Electric & Manufacturing Company 1938. archive.org/details/ timecapsulecups00westrich

The Cornell Lab of Ornithology: All About Birds, "Barn Swallow." allaboutbirds.org/guide/Barn_Swallow/overview

The King of Random, "Turn Apple Seeds into a Tree." YouTube, 2017.05.11., Video, 3:39. youtube.com/watch?v=Wc3T1ig0n6U

The New York Times, "1939 Westinghouse Time Capsule Complete List Contents." archive.nytimes.com/www.nytimes.com/specials/ magazine3/items.html

The New York Times Editorial Board, "Rendezvous with Pluto." *The New York Times*, 2015.07.16.

Tiffany Hsu, "The Apollo 11 Mission Was Also a Global Media Sensation." *The New York Times*, 2019.07.15.

Tim Adams, "Natural Talent." *The Guardian*, 2007.03.10.

Tom D. Crouch, "Wright Brothers." *Encyclopaedia Britannica*, 2020.03.04. britannica.com/biography/Wright-brothers

U.S. Fish and Wildlife Service, "Rachel Carson Biography." 2013.02.05.

fws.gov/refuge/rachel_carson/about/rachelcarson.html

University of Arizona Laboratory of Tree-Ring Research, "Andrew E. Douglass: Father of Dendrochronology." ltrr.arizona.edu/~cbaisan/Vermont/Erica/AED.pdf

University of Wisconsin-Madison Arboretum, "Monarch Butterflies." journeynorth.org/monarchs

William J Broad, "Even in Death, Carl Sagan's Influence Is Still Cosmic." *The New York Times*, 1998.12.01.

William J. Broad, "Wreckage of Titanic Reported Discovered 12,000 Feet Down." *The New York Times*, 1985.09.03. nytimes.com/1985/09/03/science/wreckage-of-titanic-reported-discovered-12000-feet-down.html

William Souder, "How Two Women Ended the Deadly Feather Trade." *Smithsonian Magazine*, 2013.03.

이미지 정보

142면 NASA

144면 NASA

149면 NASA/JPL-Caltech

152면 NASA/JPL-Caltech

153면 NASA

159면 왼쪽 Mas3cf (Wikimedia)

159면 오른쪽 ManuelFD (Wikimedia)

163면 Temple Grandin

167면 Sam Falk (Science Source)

179면 Michel Gunther (Science Source)

189면 Dr. Jill Pruetz

191면 Anders Hellberg (Wikimedia)

* 본문의 사진 설명글에 마포 브랜드 서체인 Mapo한아름 서체를 사용했습니다.

발견의 첫걸음 3

과학자가 되는 시간
자연 관찰과 진로 발견

초판 1쇄 발행 • 2022년 11월 25일
초판 2쇄 발행 • 2023년 5월 30일

지은이 • 템플 그랜딘
옮긴이 • 이민희
펴낸이 • 강일우
책임편집 • 이현선
조판 • 황숙화
펴낸곳 • (주)창비
등록 • 1986년 8월 5일 제85호
주소 • 10881 경기도 파주시 회동길 184
전화 • 031-955-3333
팩스 • 영업 031-955-3399 편집 031-955-3400
홈페이지 • www.changbi.com
전자우편 • ya@changbi.com